JOURNEY
TO THE
EDGE

ACCIDENTS AND DISASTERS
IN THE HISTORY
OF MANNED SPACEFLIGHT

航　解
天　密
意　人
外　类
事　七
件　大

星际先锋

王立桢

著

 海峡出版发行集团 | 福建科学技术出版社
THE STRAITS PUBLISHING & DISTRIBUTING GROUP | FUJIAN SCIENCE & TECHNOLOGY PUBLISHING HOUSE

著作权合同登记号：图字13—2023—17

原作品名称：《星际先锋：美国卫星制程总工程师解密7宗太空意外事件》

作者：王立桢

中文简体字版©2023年由福建科学技术出版社出版、发行。

本书中文简体字版本经远流出版事业股份有限公司授权，由福建科学技术出版社出版、发行。未经书面同意，不得以任何形式任意改编、转载。

图书在版编目（CIP）数据

星际先锋：解密人类七大航天意外事件 / 王立桢著.
—福州：福建科学技术出版社，2023.4

ISBN 978-7-5335-6969-3

Ⅰ.①星… Ⅱ.①王… Ⅲ.①空间探索－普及读物
Ⅳ.①V11-49

中国国家版本馆CIP数据核字（2023）第061388号

书　　名	星际先锋：解密人类七大航天意外事件	
著　　者	王立桢	
出版发行	福建科学技术出版社	
社　　址	福州市东水路76号（邮编350001）	
网　　址	www.fjstp.com	
经　　销	福建新华发行（集团）有限责任公司	
印　　刷	福州德安彩色印刷有限公司	
开　　本	890毫米×1240毫米　1/32	
印　　张	8.125	
字　　数	116千字	
版　　次	2023年4月第1版	
印　　次	2023年4月第1次印刷	
书　　号	ISBN 978-7-5335-6969-3	
定　　价	35.00元	

书中如有印装质量问题，可直接向本社调换

目录
Contents

来自 NASA 的专业推荐

　　本人肯·亨利在 NASA（美国国家航空航天局）从事航天工作逾 50 年，担任品保工程师。工作期间，我亲身见证了本书作者王立桢曾在航天产业里所展现的专注与取得的成就。

　　在航天产业里，作者拥有高度的职业道德与工作热忱，因此他是最适合撰写航天主题书籍的人，而他过去出版的相关书籍，也早已证明了这一点。

　　我向广大读者极力推荐这本书。宇宙飞船拥有非常复杂的系统，导致飞行失败的因素又何其多，但作者在书中做了透彻的解析，读完极为震撼。

NASA 前品保工程师肯·亨利

2021 年 8 月 1 日

Retiree

8/1/2021

I, Ken Henry, having been in aerospace engineering for over 50 years, many of them as a Quality Engineer for NASA, have witnessed the performance, dedication and contributions made by Engineer, and now author, Lizhen Wang, to the aerospace industry. My observations of Lizhen's work ethics and sincere interest in aerospace technology have prepared him to be the ideal author of aerospace-related books which his prior publications have proven. I can only give Lizhen's publications the highest recommendations. His insights into operation of complex spacecraft and their associated failure mechanisms can only be described as intriguing.

Ken Henry

钱都花在哪里？

"你能告诉我们，为什么要花那么多钱去太空吗？将那些钱花在其他地方不是更好吗？"这是多年前我在给美国学生演讲时被问到的一个问题。

当我第一次被问到这个问题时，我着实愣了一下。在我看来，"花多少钱"是会计方面的事，只要开销没有超出预算就不用太在意整个项目的开销，但既然被问到了，就得认真回答。

"你的这个问题很好。"这是我在还没想到答案时，用来拖延时间的话，同时也让自己有更多的时间思考问题。

"你可以告诉我你父亲的职业吗？"我反问他。这时，我已经想到该如何回答他的问题了。

"他是一位卡车司机。"那位学生回答。

"虽然去太空要花费一大笔钱，但那些钱其实也花在在座的每个人身上！"我如此回答他。顿时，整个体育馆里的学生都安静了下来，他们似乎无法理解我的话。

　　"举个例子来说，登月并不是只要将钱放在火箭发射台上就行了。登月计划需要成千上万的航天工作者参与，他们中的一些人需要去组装航天器，这样他们就有一份可以养活家人的工作。组装好的航天器必须被送到发射场，你的父亲或其他卡车司机也就有了一份工作。你的父亲有了工作，才可以替你买你脚上那双漂亮的球鞋。而鞋店也因此雇用了几位店员，那些人也就有了一份工作，能够养活他们的家人。

　　"另外，你的手机其实也是太空产业的副产品，因为手机里面的电子晶体和集成电路是在发展太空产业时被研制出来的。虽然人类当初若没有进军太空，这些东西也迟早会出现，但绝对不会问世得那么快。现在你认为那些钱有没有花在你们身上呢？"

　　说完这些之后，那些学生似乎也开始觉得，发展太空产业其实与他们的生活息息相关。

当初，我因为喜欢飞机而进入航空领域，并于 1983 年在一家美国航空航天公司担任工程师。在此后的 30 年里，我曾参与多个航天器项目，其中让我印象较为深刻的有哈勃空间望远镜项目和诺阿气象卫星项目，每当我在电视上看到这两颗卫星拍摄的太空照片时，心中就会有一种非常奇妙的满足感。

1994 年，在"火星探路者"（Mars Pathfinder）的一个集成电路板完工时，我和所有参与制作过程的同事们都被要求在一张纸上签下自己的名字。当时，我很慎重地签下了自己的中文名字，因为我觉得这是一件光宗耀祖的事。没想到，这张签名纸后来被拍成照片，并被缩小后刻在电路板上。虽然我的签名被缩小到可能要用显微镜才能看清楚的程度，但当"火星探路者"于 1997 年 7 月 4 日在火星上登陆时，我着实激动得掉下了眼泪。当年最让父母担忧的我，竟然有幸留名在火星上！

在美国工作的 30 年里，我接触到不少这个行业中的科学家与工程师，虽然他们中绝大多数人都解决了许多科技上的难题，但我也目睹了一些美国的管理层"霸凌"其他工程师以实现私人目的的现象。这些管理层大多具有工程学背景，他们会教唆工程师做一些违反工程伦理的事，以从中谋取个人利益。这种管理层"霸凌"下的产物都将可能是未来太空产业的隐患。

在本书中，除了第一章是描述航天员阿姆斯特朗机智且快速的反应外，在其余的几个故事中，几乎都可以看到因管理层的错误决定而导致的悲惨后果。

我决定在这本书中揭示人类在探索太空的过程中所犯下的错误，而不去描述一些光辉成果（如登月成功的故事），因为那些成功的故事已经有太多人书写，而失败的案例虽让人不忍回顾，但绝对有警示之效。

这本书能够出版，我要感谢徐统教授、汪治惠博士、鲁国明先生及在我退休之前长期与我合作的 NASA 前品保工程师亨利先生。他们几位在科学理论与文字上给了我许多建议，亨利先生更是提供了许多珍贵的 NASA 内部数据，这些支持使这本书的内容更加精彩。

最后，谨以此书来纪念我从事了40年的航天工作，但愿我在此行中的成就没有让我的父母失望。

2021 年 8 月 15 日

飞到宇宙边缘

1903 年 12 月 17 日，莱特兄弟设计的飞机在北卡罗来纳州的小鹰镇成功飞行了 200 多米之后，人类顿时进入了千百年来一直憧憬却无法涉足的天空。进入飞行领域之后，飞行科技的发展速度一飞冲天。

1963 年 8 月 22 日，在莱特兄弟首度飞行约 60 年之后，NASA 的试飞员约瑟夫·沃尔克驾驶一架 X-15 试验机创下 6 倍声速与约 108 千米高度的纪录，那已经是进入太空的高度了。

完成这项创举之后，人类的下一个探险目标自然就是位于外层空间、距离地球最近的天体——月球。

其实，远在几千年之前，人类就对月球有着高度的遐想。中国古代有嫦娥奔月的传说，古希腊也有月亮女神的故事。然而，在飞行还只是梦想的年代，那些传说与故事也不过只局限在人们的想象之中，似乎没有成真的可能。

等人类能驾驶飞机翱翔于蓝天，甚至进入太空时，月球就不再是我们遥不可及的天体了。

谁会最先抵达太空

太空中没有空气，靠空气产生升力来飞行的飞机，在太空中无用武之地。此时，我们老祖宗发明的火药所演变出来的火箭，就成了帮助我们离开地球，进入太空的有力工具。

第二次世界大战末期，德国用来攻击英国的 V-2 导弹，其实就是一种将炸药装在火箭顶端而制成的简易导弹。这枚火箭在测试时，以垂直姿态发射，曾上升到 100 千米的高空，成为人类历史上第一个进入太空的人造物品。

二战后，美国和苏联两国都俘虏了一批德国的火箭专家，而美国军队更是在苏联军队抵达导弹工厂之前，将上百枚 V-2 导弹抢先运回美国，作为研究之用。

在这批被俘虏的专家中，就包括 V-2 导弹的总工程师冯·布劳恩。冯·布劳恩从学生时代开始就对航空航天有着相当浓厚的兴趣，22岁时就取得了柏林洪堡大学的物理学博士学位。他的毕业论文《液体火箭发动机的原理、制造及实验》在当时是一篇极为先进的论文，因为那时的火箭普遍都使用固体推进剂。

美国在俘虏了这些专家之后，将他们安置在亚拉巴马州的亨茨维尔市，迫使他们替美国陆军研究并设计导弹。

1957年10月4日，苏联成功地将一颗命名为"斯普特尼克号（Sputnik）"的人造卫星送入太空，这个消息在当时震撼了整个世界。美国在1955年7月就宣布要在几年内成功研制并发射一颗人造卫星，但是没想到苏联在这件事上"抢了头香"。

为了在太空竞赛中争回一些颜面，美国决定于1957年12月6日在佛罗里达州的卡纳维拉尔角空军基地发射美国的第一颗人造卫星。那天，他们邀请了世界各国的媒体前往参观采访，迫不及待地想借此机会证明自己的科技水平。然而没想到的是，在点燃后的1.2秒，火箭仅升高了1米左右，就在发射台上爆炸了。世界各国也都从新闻媒体上看到了火箭爆炸时的恐怖场面。

当时负责将这颗人造卫星送入轨道的，是由美国海军主导的先锋计划（Project Vanguard）。在那次发射失败之后，发射的重任就被转交给了美国陆军弹道导弹局（ABMA），而在ABMA担任主任的冯·布劳恩接下了"在两个月之内将人造卫星送入太空轨道"的重大任务。

对冯·布劳恩来说，这不但是个重大的任务，更是一个迟来的任务，因为他终于有机会可以实现他从少年时期就设下的太空探索梦想。他将红石导弹的火箭加以修改，真的在1958年1月31日把探险者1号（Explorer 1）人造卫星送入太空，这才让美国正式进入太空时代。

此后几年里，美苏两国的太空竞赛由发射卫星转为载人航天，这次苏联再度拔得头筹。1961年4月12日，航天员加加林搭乘东方1号（Vostok 1）宇宙飞船从拜科努尔航天发射场发射升空，在太空轨道上绕地球飞行一周，共飞行108分钟后安全返回地球。加加林成为第一位进入太空的人类。

3个星期后，美国在1961年5月5日将第一批7位航天员[1]中的谢泼德送入太空次轨道[2]，但他只在太空中飞行了 15 分钟。

这时，美国在太空竞赛中处于劣势，于是美国总统肯尼迪在谢泼德短暂的太空飞行后不久，做出了一个大胆的决定：在 10 年之内将一个人送上月球，并让他安全返回地球。

下一站月球

早在 1960 年 NASA 刚成立不久，就有了名为"阿波罗计划（Apollo Program）"的登月计划。不过，这个计划仅提出要去月球，至于如何去、什么时候去，并没有明确说明。当时，还有人拿这个项目的名字来取笑 NASA，因为"阿波罗"是希腊神话中太阳神的名字，将一个去月球的计划命名为"太阳神"，实在有欠考虑。

在肯尼迪做出明确的登月指示后，NASA 立刻动员了

1. NASA 于 1959 年 4 月从数千位参选的军事飞行员中选出了美国第一批的 7 位航天员，参加水星计划（Project Mercury）。
2. 太空次轨道，即已进入太空，但未能绕地球一周。

局内所有的工程师与科学家，同时也开始大量招募工程学与科学人才。

在筹备登月行动的时候，最棘手的问题就是"要怎么去"，而肯尼迪给出的目标是"登陆月球并安全返航"，至于"如何去"与"如何回来"，必须由 NASA 自己解决。

这可不是一个容易解决的问题。

早期的宇宙飞船在发射升空时，为了节省燃料，都没有携带返航时的着陆装置，只是用降落伞将宇宙飞船送回地面。因此为了让宇宙飞船能在月球着陆，再从月球表面返回地球，就必须重新设计航天器。

当时，NASA 得到以下 4 个各有利弊的方案，他们必须从中选出一个来执行。

1. 直接发射方案：宇宙飞船从地球发射时，就携带"在月球着陆所需的减速火箭"及"回程的火箭"。抵达月球后，利用减速火箭缓缓降落在月球表面；任务结束后，启动回程火箭，从月球返航。这个方案最大的困难就是"重量"。根据估计，在月球降落的减速火箭重量超过 50 吨，返航火箭加推进剂的重量大约为 23 吨，两者加起来的重量超过 73 吨。

而当时美国还在设计中的土星5号（Saturn V）运载火箭在最大的推力下，也只能将48.6吨的物体送到月球上。

2. 地球轨道集合方案：这个方案是为了解决上述"重量"问题而衍生出来的。科学家建议，与其用一枚极大推力的火箭，将所有需要的东西一次发射升空，不妨改成用多枚火箭，分批将在月球降落时的减速火箭、推进剂及返航火箭发射升空，然后在地球轨道上将它们整合、拼接成一艘宇宙飞船，再前往月球。

3. 月球表面集合方案：这个方案要用到两枚火箭，一枚带着回程火箭所需的推进剂，另一枚带着航天员和返航火箭，先后前往月球。两枚火箭都在月球上降落后，航天员再将第一枚火箭所带的推进剂加到返航火箭上。

4. 月球轨道集合方案：这是个很特殊的方案，将登月任务的宇宙飞船分成指令舱、服务舱和登月舱[3]等3个可以独自运作的小型舱。宇宙飞船进入月球轨道后，3位航天员中的两人进入登月舱，让登月舱与宇宙飞船的指令－服务舱分离，驾驶登月舱降落在月球表面。另外一位航天员则留在宇

---

3. 登月舱又分为"降落"与"升空"两个部分。

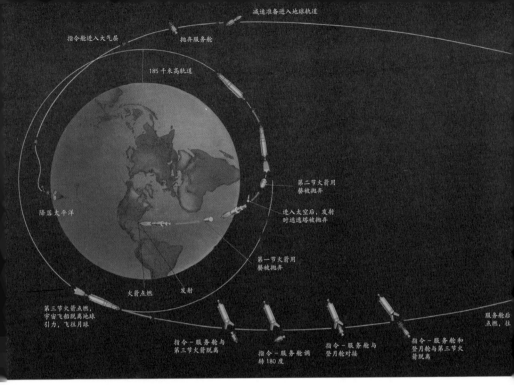

上图为"月球轨道集合方案"示意图。

宙飞船的指令－服务舱中继续绕月球飞行。两位登陆月球的航天员在完成任务后，回到登月舱，启动小型返航火箭，将登月舱的"升空"部分发射到月球轨道，并与在月球轨道上的指令－服务舱交会后，再一同返回地球。登月舱的"降落"部分则留在月球表面。

　　刚开始讨论的时候，大部分工程师们都偏向于第一种"直接发射方案"，因为另外的 3 种方案都需要宇宙飞船

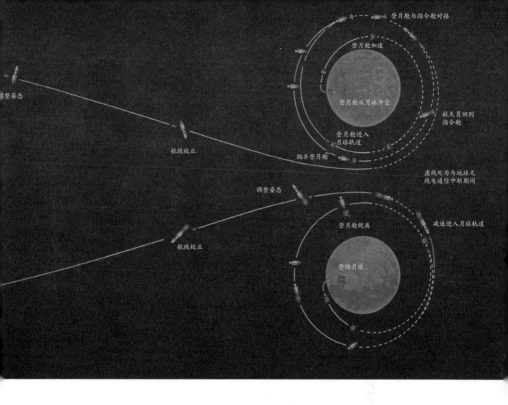

登月舱与指令舱对接

登月舱加速

登月舱从月球升空

航天员回到指令舱

登月舱进入月球轨道

抛弃登月舱

虚线处为与地球无线电通信中断期间

调整姿态

登月舱脱离

减速进入月球轨道

航线校正

登陆月球

调整姿态

航线校正

在太空轨道上或月球表面对接，那是相当难的操作，一旦发生差错将会产生毁灭性的后果。然而，如果要再设计一种比土星 5 号运载火箭推力更强的火箭，不但经费没有着落，时间更是个大问题。阿波罗计划里的每个人都明白，如果要重新设计一枚推力更大的火箭，那么绝对无法在肯尼迪设下的期限内完成登月任务。

这时，NASA 的资深工程师霍博尔特认为，第四种方案才是最经济、最可行的，因为包括指令舱、服务舱和登月舱在内的整个宇宙飞船总重 44 吨左右，只需要一枚土星 5 号运载火箭就可以胜任。太空轨道中的交会对接虽然困难，却可以通过训练来克服。在霍博尔特的大力推荐之下，冯·布劳恩接受了这个方案，开始与他一起去游说 NASA 的管理层。

经过几番热烈的讨论，NASA 最终决定采取"月球轨道集合方案"。不过那时谁也没想到，这个决定竟然成为阿波罗 13 号发生爆炸后能安全返回地球的最主要原因！

太空对接

在 NASA 成立初期，除了阿波罗计划之外，还有一个水星计划。水星计划的目的更为简单，就是"送人进太空"，至于航天员进入太空之后该做些什么，并没有明确的规划，只有一些参与计划的科学家们随机列出的、请航天员在太空中测试的项目。阿波罗计划则做出了明确的规划，要用大型宇宙飞船将 3 位航天员送往月球。然而这两个计划都没有涉及"月球轨道集合方案"里的许多技术，那些技术仅仅被科学家在数学公式和绘图板上证明可行，从来没有实际演练过。因此，NASA 决定成立另一个计划，以确认科学家的规划确实可行。

1962 年 1 月 3 日，NASA 正式宣布成立双子星计划（Project Gemini），这个计划的主要目的是：

1. 确认人类在太空中可以长时间逗留。

2. 训练航天员在太空中进行舱外活动（亦称"太空漫步"），观察他们穿着笨重的航天服在舱外活动时的灵活度，并评估在舱外可以执行哪些任务。

3. 训练航天员操纵宇宙飞船，在不同状况下与另外一个航天器在太空中对接。

4. 训练航天员熟悉操纵宇宙飞船重返地球、进入大气层时的技术。

双子星计划明显不同于水星计划与阿波罗计划。水星计划是一位航天员进入太空的任务，阿波罗计划是三位航天员前往探月的任务，而双子星计划则介于两者之间，是让两位航天员在太空中为阿波罗计划做准备的任务。

水星计划刚开始的时候，NASA招募了第一批7位航天员。当阿波罗计划有了肯尼迪背书之后，原有的7位航天员便不敷派遣，于是在宣布成立双子星计划后，新招募了23位航天员，加上原先的7位，这30位航天员包揽了美国1972年之前的所有太空任务。

双子星计划于1962年启动，1966年结束，4年间一共飞行了12次，除了第一、二次是无人飞行之外，其余的10次都是载人飞行，而且每一次都有特殊的任务。双子星3号在轨道中绕地球飞行3圈，以测试宇宙飞船的适航性；双子星4号航天员爱德华·怀特进行了美国的第一次太空漫步；双子星5号在太空中停留了一个星期，绕地球飞行了120圈，其间航天员成功测试了为太空计划所设计的航行计算机；双子星6号与双子星7号在太空轨道中交会，最近的时候两艘宇宙飞船仅相隔30厘米，这证明了航天员可以在轨道中精准地操纵宇宙飞船。

在双子星计划的所有任务中，最值得一提的是双子星8号。虽然它成功地在太空中与阿金纳（Agena）目标飞行器交会并对接，但更值得一提的是它在太空中发生的意外事件，如果不是任务指令长阿姆斯特朗[4]处置得当，美国很可能就会在那次任务中失去两位航天员。

双子星9A号、双子星10号、双子星11号和双子星12号等4次任务仍然专注于宇宙飞船的对接技巧，只是每次对接的状况不同。NASA希望航天员在不同的状况下都能顺利地操纵宇宙飞船与另外一个航天器对接。在这些任务中，每次也都有航天员进行各种不同的舱外活动，双子星12号的航天员奥尔德林[5]更是在4天的任务期间执行了3次舱外活动，测试了特别为航天员所设计的各种不同的工具，舱外活动的总时间超过5个小时。

运气用完了

1966年底，双子星计划的12次任务均已完成，NASA从那些任务中获得了丰富的太空飞行经验。NASA的科学家、工程师和航天员们都希望能尽早将那些经验运用到阿

4．阿姆斯特朗于1969年7月20日成为第一位登陆月球的人。
5．奥尔德林于1969年7月20日与阿姆斯特朗一同搭乘阿波罗11号宇宙飞船登陆月球。

波罗计划中。

1966 年 8 月，阿波罗 1 号的太空舱已完工出厂。阿波罗 1 号的 3 位航天员也正忙着为次年 2 月的第一次航行做准备。

阿波罗计划共分为 5 个部分，每一个部分都必须完全通过所有测试之后，才可以进入下一个部分。

第一部分是使用无人宇宙飞船测试土星 5 号运载火箭。第二部分是 3 位航天员搭乘宇宙飞船进入地球轨道，测试航天员对宇宙飞船的操纵能力。第三部分是驾驶宇宙飞船离开地球轨道前往月球，观察并记录来回航线与绕月期间的所有状况。第四部分是测试宇宙飞船的指令 – 服务舱与登月舱之间的对接；在进入月球轨道后，再测试登月舱在低层月球轨道中的运行情况。第五部分就是实际登陆月球。

虽然有了完整的计划，科学家与工程师们也从双子星计划中获得了许多宝贵的数据，登陆月球似乎就是指日可待的事，但是就在这时，一场毫无预警的火灾夺走了阿波罗 1 号 3 位航天员的性命。这使 NASA 猛然意识到，原来宇宙飞船一直有着基础设计上的错误，在那之前没有发生任何意外，只是幸运而已。

这场意外事件对美国的太空探索是一大打击。为了实现肯尼迪生前设下的登月目标，NASA 将整个宇宙飞船重新设计，并计划在 1969 年 12 月 31 日之前实现登月的目标。

在意外发生 20 个月之后，重新设计的宇宙飞船以"阿波罗 7 号"的名字[6]进入太空。3 位航天员在 10 天的任务期间，测试了宇宙飞船的每一个系统。两个月之后，即 1968 年 12 月 21 日，NASA 决定派阿波罗 8 号前往月球。这是人类第一次进入月球轨道，在绕月球飞行 10 圈后，宇宙飞船于 12 月 27 日安全返回地球。这次的测试成功地证明了地球通往月球的路径顺畅无阻。

阿波罗 8 号成功返航后，转眼便进入了 1969 年，这是 NASA 必须要对肯尼迪所设下的目标做出回应的一年！

当年 3 月 3 日，阿波罗 9 号发射升空，这次并没有前

---

6. 阿波罗计划原本的任务代号是以"AS"为首的，后面加上号码。1967 年 1 月 27 日那场意外的任务代号是"AS-204"，该次本来是阿波罗计划中第一个载人飞行任务（之前已发射两个无人航天器），事发后 3 位遇难航天员的家属要求 NASA 将那次任务的代号改为"阿波罗 1 号"。NASA 接受了这个建议，将之前两次无载人任务的代号改为"阿波罗 2 号"和"阿波罗 3 号"。所以，日后在 1967 年 11 月、1968 年 1 月和 4 月的 3 次无人任务，分别被称为"阿波罗 4 号"、"阿波罗 5 号"和"阿波罗 6 号"。

往月球，而是在地球轨道上测试指令舱与登月舱的空中对接。两位航天员在地球轨道上进入登月舱，将登月舱与指令舱分离，并让登月舱进入另一条地球轨道；几个小时之后，登月舱再次回到指令舱的轨道，与指令舱交会对接。

阿波罗 9 号的成功让 NASA 大为振奋。NASA 认为登陆月球指日可待，但也没有忘记两年前阿波罗 1 号血的教训，没有贸然让阿波罗 10 号登陆月球，而是让它随着阿波罗 8 号的轨迹前往月球，并在月球轨道上放下登月舱，让登月舱下降到距离月球表面约 16 千米的高度，实地查看未来阿波罗 11 号的着陆环境。

无限可能的未来

1969 年 7 月 16 日，阿波罗 11 号踏上登月征途。火箭发射升空的时候，肯尼迪航天中心附近的海滩上聚集了一百多万人，他们都想目睹这次探月任务的启程。

在阿波罗 11 号飞往月球的那几天，几乎全人类都在关注这件事。这时已无国界之分，因为前往月球的是我们人类的代表。苏联当时也主动将他们在太空中的几个航天器的精确位置告诉美国，以免发生任何意外。

1969 年 7 月 20 日，鹰号登月舱（Eagle Moon Lander）在月球表面着陆，航天员阿姆斯特朗踏上月球表面的一刹那，地球上有 6 亿人在电视机或收音机前，同步听到了他所说的那句话："这是我个人的一小步，却是人类的一大步。"

这的确是人类历史上值得纪念的一刻。

从 1957 年 10 月苏联将斯普特尼克号人造卫星送入太空开始，美国与苏联的这场太空竞赛历时 11 年多，终于以 1969 年 7 月阿姆斯特朗踏上月球落幕。

然而，太空并不是人类所熟悉的环境，人类在探索太空的路途上也曾遇到过不少困难，犯下了不少错误。希望在日后的太空探险中，人类能从之前的那些错误中得到教训，使前往银河星系的路程更为顺利。

第一章
史上第一次太空危机

双子星8号

1965 年 10 月 25 日上午 10 点整，一枚宇宙神（Atlas）运载火箭从美国佛罗里达州卡纳维拉尔角发射升空。火箭的顶端装载的是阿金纳目标飞行器，这是 NASA 为了阿波罗计划的太空对接程序所做的第一次试验。阿金纳目标飞行器将在地球轨道中与稍后发射的双子星 6 号宇宙飞船进行 4 次不同状况下的太空对接。

在三维空间里，将两个处于快速运行状态的物体进行对接，有着极大的风险。即使飞机的空中加油技术在军用机中已经有数十年的演练经验，但是民航机却不曾尝试过，就是因为如果有"万一"的情况发生，那绝对会造成一场不可挽回的悲剧。

既然连飞机的空中加油都无法保证绝对安全，为何 NASA 还要在太空中进行风险这么大的尝试呢？

原因是，若要将任何航天器送入太空，都需要推力巨大的火箭，可是如果航天器的重量或体积超过现有火箭的运载能力，那就必须将那些航天器分成几个部分，用多枚火箭分别送上太空，然后在太空中再将那些部分重新组合。因此航天器对接在太空探险的过程中是相当重要的一部分。

要对接的航天器爆炸了

在"阿金纳"发射的同时，双子星 6 号的两位航天员希拉与斯坦福尔德已经准备好，正在地勤人员的协助下进入宇宙飞船。斯坦福尔德在进入宇宙飞船时，看着"阿金纳"升空时所留下的凝结尾，想着 100 分钟之后自己也将在宇宙神火箭强大的推力下进入太空，心中不免雀跃起来。希拉在 3 年前曾操纵西格玛 7 号（Sigma 7）宇宙飞船绕地球飞行了 6 圈；而对于斯坦福尔德而言，这是他的第一次太空探险。

在宇宙神火箭的推动下，"阿金纳"顺利升空。6 分钟之后，火箭的第一节推进剂用罄，随即与火箭主体分离。第二节火箭也

双子星 6 号的两位航天员斯坦福尔德（左）与希拉。

同时启动，准备将"阿金纳"送入距离地球表面 2700 千米的太空轨道。

就在这时，"阿金纳"与地面的一切通信突然中断，航天中心的工程师们紧急了解状况，试图与"阿金纳"恢复联系。此时，航天中心另一个专门负责太空监控的部门却发现，在"阿金纳"最后出现的位置附近传回了许多雷达回波。显然，"阿金纳"已经在第二节火箭启动时被炸成了碎片。

双子星 6 号的主要任务是与"阿金纳"在太空中交会，然后进行对接的演练。既然"阿金纳"已经爆炸，双子星 6 号也就没有升空的必要了。于是，在宇宙飞船中等待发射的两位航天员接到了任务取消的通知，非常失望地从飞船中爬了出来。

任务内容变更

在"阿金纳"的设计厂商急于寻找爆炸原因的同时，NASA 的双子星计划也没有就此停摆。在没有目标飞行器

为双子星 6 号太空舱的剖面图，两位航天员并排而坐。

可以与双子星 6 号进行交会与对接演练的情况下，NASA
决定将交会与对接分成两个部分来进行。交会的部分将由
双子星 7 号与双子星 6 号先行演练，等"阿金纳"的设计
厂商找出问题原因并加以解决后，再让双子星 8 号在太空
中与"阿金纳"进行对接的练习。

　　双子星 7 号原本的任务是耐久性试验，两位航天员将
在太空轨道中飞行两个星期，从而了解人类在长时间太空

飞行下的反应。NASA 临时将这个任务修改为：两个星期的长期太空滞留不变，同时进行与双子星 6 号在太空中的交会测试。双子星 6 号也因为任务改成与双子星 7 号交会，而不是与"阿金纳"交会对接，所以任务编号被改成了"双子星 6A 号"，但是执行任务的还是原来的航天员——希拉和斯坦福尔德。

点燃，就熄火

1965 年 12 月 4 日，双子星 7 号搭载了航天员波尔曼和洛弗尔升空。8 天之后，航天员希拉和斯坦福尔德再次进入双子星 6A 号宇宙飞船，准备进入太空，进行名称为"太空编队"的尝试。

然而，希拉和斯坦福尔德的升空期望再一次落空。

当天上午 9 点 54 分，双子星 6A 号完成倒计时，火箭顺利点燃，一阵巨大的声音从发射台传出，橘红色的火焰也从火箭底端冲出。1.5 秒后，火箭启动的声音就像是泄了气的口哨声，火箭底端在喷出了第一道火焰后，也像是被呛到了一样，喷出一阵烟，然后就停止运作了。

洛弗尔（左）与波尔曼搭档执行双子星 7 号任务。洛弗尔在几年后成为阿波罗 13 号意外事件的主角之一。波尔曼结束航天员生涯后成为企业家，管理美国东方航空公司。

航天中心的工程师和科学家们看着计算机银幕上显示的数据，以及另外一个巨大银幕上显示的画面：大力神号运载火箭（Titan Rocket）在一片火焰和烟雾中，依旧停在发射台上，丝毫没有任何发射升空的迹象。

面对这个异常的状况，所有工作人员一时呆若木鸡，完全不知道下一秒会发生什么事情。这就像火炮射击之后的"哑弹"，炮弹停留在炮管里并未发射出去，这是相当危险的状况，因为谁也不知道那枚已经被击发的炮弹还会不会爆炸。而大力神号运载火箭的高度达 33 米，直径为 3 米，重量超过 150 吨，要是爆炸，其威力比炮弹不知大多少。

此时，两位航天员已坐在火箭最顶端的宇宙飞船内，这突如其来的状况让他们愣住了。按照训练时的标准程序，如果在发射期间发生任何异常情况，航天员必须立刻启动弹射程序，将他们的座椅从宇宙飞船中弹射出去。

但是双子星 6A 号的指令长希拉却决定不按照标准程序进行弹射，而是继续留在宇宙飞船内。他认为，既然火箭没有升空，就算不上是在"发射期间"的异常情况。两位航天员在不了解实情的情况下，继续坐在飞船中等待，如坐针毡。

两个人为疏失

事后，NASA 在检讨这件事时，觉得希拉做了正确的决定，因为他们当初在设下标准程序时，并没有考虑到火箭启动后熄火而没有发射升空的状况。如果当时希拉启动了弹射程序，不但宇宙飞船会受到很大程度的损害，那两个弹射座椅从纯氧的环境中弹射出去时，一定会带着火焰冲出宇宙飞船，那么坐在上面的两位航天员会受到什么样的伤害，就很难说了。

发射现场的工程师们很快决定，先将火箭内的液体推进剂抽出，再进一步调查到底哪一个环节出错了。

于是，希拉和斯坦福尔德就在宇宙飞船内等了90分钟。等到地勤人员将火箭内的液体推进剂抽出，并将工作塔重新竖立在火箭旁边之后，他们才在地勤人员的协助下钻出飞船。

为了找出火箭熄火的原因，NASA当天就将火箭分级拆解并彻底检查。工作人员发现，第一节火箭上有一个松脱的电线接头。工程师从计算机记录上发现，这个接头在火箭刚启动时就脱落了，因此判断接头在装配时就没有锁紧，并在火箭启动时的震动下松脱，继而导致火箭熄火。

就在工程师们断定脱落的电线接头就是造成火箭熄火的主要原因时，控制室里的科学家们却在进一步审视计算机资料时，有了惊人的发现：在电线接头脱落之前，火箭二号机的推力已经在急速减小，即使那个电线接头没有在火箭启动时松脱，火箭也会在启动 3.2 秒后因为二号机的推力不足而熄火！

为了找出二号机推力消失的原因，他们将火箭二号机完全拆开，仔细检查。就在这时，一位工作人员在二号机助燃剂的管路接口处，发现一个工厂装配时为避免外物掉进二号机而装设的塑料蒙盖。这个蒙盖在完工后没有被拆下来，它阻止了助燃剂进入二号机，这就是二号机推力消失的主要原因。

这两个完全互不相关的事故原因，都是人为疏失造成的，这使得 NASA 和相关厂商相当难堪。于是，品管部门将双子星 6A 号发射失败的原因制作成教材，对所有工作人员进行再教育，强调所有工作务必达到"零缺点"的境界，才能确保任务顺利完成。

为了赶在双子星 7 号返回地球之前完成太空交会的测试，NASA 漏夜赶工，在发射失败后 3 天之内就将火箭仔细检查并重新组装，并于 12 月 15 日再度尝试将双子星 6A

号发射升空。这次一切都很顺利，飞船在发射 6 分钟之后进入轨道，希拉和斯坦福尔德也终于在两次延期之后圆了太空之梦。

减速才能赶上？

两艘宇宙飞船在太空中交会，与两架飞机在空中交会完全不是一码事。其中最大的不同就是对速度的控制。当两架飞机要在空中接近时，后面的那架飞机一定要加速才能追上前面的飞机，这是基本常识。但是在太空中却完全不是这么一回事，因为宇宙飞船在轨道中运行时，并不是像飞机一样靠着机翼所产生的浮力在空中飞行，而是靠飞船极高的飞行速度以及地球对飞船所产生的引力，才能平稳地在太空轨道中运行。当两艘宇宙飞船在同一个轨道中运行时，它们的速度一定是一样的。很多人都觉得，这时如果后面的飞船想追上前面的飞船，一定要加速，这或许是小学生在学习行程问题时就了解的事。但是在太空中加速却会造成反效果，因为飞船的速度一旦增加，它就会上升到较高的轨道。既然这个新的轨道比原来的轨道高，那么飞船在新轨道上绕地球飞行的圆周就比原来轨道的圆周大，而且在高轨道上飞船的飞行速度会降低。在这种情况下，在高轨道上的飞船就会更落后于在低轨道上的飞船。

因此，在太空轨道中，后面的飞船如果要追上前面的飞船，就必须开启"减速"模式，让自己落到较低的轨道，在那里追赶上前面的飞船后，再加速回到原来的轨道[1]。

当两艘飞船已经在同一轨道上，并接近到可以清楚目视对方时，再微调速度向对方接近。这时，两艘飞船的相对速度很小，轨道上下变动的幅度也相对不大，在这种情况下就可以进行交会与对接。

因此，航天员在操纵宇宙飞船时，必须摒弃操纵飞机的观念，重新适应太空的环境，那就是：加速反而会落后，减速才能赶上。

浩瀚无垠，成功交会

双子星 6A 号进入太空后，先是来到比双子星 7 号更

---

1. 牛顿第一定律，也称为"惯性定律"：动者恒动，静者恒静。在太空中仅有极少量的外力干扰，因此宇宙飞船几乎是匀速前进的。若要减速，则必须点燃反向火箭，以达到减速的效果。

低的轨道；一个半小时之后进行第一次加速，逐渐上升到稍高的轨道。根据航天中心的计算机显示，此时双子星6A号在双子星7号后方约1200千米处。两个多小时之后，两艘飞船之间的距离已经缩短至500多千米，接着双子星6A号再度加速，升到更高但仍低于双子星7号的轨道。

在太空中飞行的双子星7号。

当两艘飞船相距500千米时，双子星6A号的航天员已经可以从雷达上看到双子星7号了。双子星6A号的指令长希拉用雷达将双子星7号锁定，并启动自动控制模式，让计算机控制双子星6A号飞向双子星7号。经过了两个小时，希拉从他的舷窗向外望去，看到前上方有一颗非常闪亮的星星，他起初以为那是天狼星，但是航天中心却告诉他，那就是双子星 7 号！

双子星 6A 号在计算机的控制下继续向双子星 7 号靠近，很快两艘飞船之间仅相距约 40 米，希拉已经可以很清楚地看见在前方的双子星 7 号，甚至可以看到坐在里面正在向他招手的波尔曼。希拉将飞船的运行模式由自动控制转成手动控制，他利用船身四周的微型火箭，推动飞船缓缓向双子星 7 号靠近。在此后的四个半小时里，希拉将在模拟训练时所学的技巧全都用上，他成功地操纵双子星 6A 号飞到双子星 7 号近处，两艘飞船在最接近的时候仅相距 30 厘米！

双子星 6A 号也在航天中心的指示下，绕着双子星 7 号转了一整圈，将双子星 7 号的外表全都检查了一遍。完成了这些程序后，也到了该休息的时候，希拉将双子星 6A 号缓缓退到与双子星 7 号相距 35 千米的位置，这是对两艘飞船来说都很安全的距离，确保不会有意外相撞的风险。

双子星 6A 号与双子星 7 号在太空轨道上的成功交会，

使 NASA 对于人类前往月球的信心大增，因为在登月计划中宇宙飞船将会有多次的交会与对接。这次交会成功后，下一步就是要进行太空对接的测试了。

从交会到对接

阿金纳目标飞行器经过工程师的重新设计，于 1966 年初准备就绪。于是，NASA 宣布第一次的太空对接测试将于当年 3 月 16 日启动，由双子星 8 号与"阿金纳"执行。

双子星 8 号的两位航天员是阿姆斯特朗与斯科特。担任本次任务指令长的阿姆斯特朗，是 NASA 的第二批航天员之一，也是当时唯一不是军人身份的航天员。先前他曾任美国国家航空咨询委员会（NASA 的前身）的试飞员，是少数驾驶过 X-15 试验机的飞行员。

阿姆斯特朗并没有一般飞行员豪迈不羁的性格，反而是相当沉稳好学的人。他不仅取得普渡大学的航空工程学学士学位，在爱德华空军基地担任试飞员的时候，还利用业余时间取得了南加利福尼亚大学的航空工程学硕士学位。这种学术背景在当时的试飞员中并不常见，因此他在试飞过程中可以与设计飞机的工程师们从专业的角度讨论飞机的性能。也正是由于这种专业背景，他在试飞任何一架新飞机之前，都会将该飞机的所有系统了解清楚。他在进入 NASA 担任航天员之后，也一直用这种态度去面对完全陌生的宇宙飞船。

斯科特则是毕业于西点军校（美国陆军学院）的飞行

双子星 8 号的两位航天员阿姆斯特朗（左）与斯科特。

员。他曾在冷战期间担任 F-100 战斗机的飞行员，于 1962 年担任爱德华空军基地的试飞员，并于 1963 年成为 NASA 的第三批航天员。

在这次任务期间，双子星 8 号将与"阿金纳"尝试 4 次不同状况下的对接。第一次对接成功后，斯科特将进行美国的第二次太空漫步[2]。这次太空漫步最重要的任务是，测试一个刚设计好的舱外活动背包，该背包中有独立的供氧系统，以及手持式太空活动操纵器的燃料瓶。那个太空活动操纵器还有一条长约 23 米的脐带电缆，因此斯科特可以自由地在太空中活动。

斯科特在太空漫步时要执行许多任务：先将双子星 8 号顶端的一个核辐射试验样品取回，然后到"阿金纳"外部进行一个微流星体的测试，最后在返回双子星 8 号之前，用太空专用的电动工具，将一个测试平板上的螺母扭松再锁紧。整个舱外活动的时间大约是两个小时。

---

2. 第一次太空漫步是由怀特在 1965 年 6 月 3 日于双子星 4 号任务期间完成的。

宇宙飞船之间的对接

1966年3月16日上午9点，阿金纳目标飞行器在卡纳维拉尔角顺利发射升空。接着，双子星8号在10点41分也升空，并于6分钟之后进入太空轨道。

为了追上先发射的"阿金纳"，双子星8号先是进入低层的轨道。经过3次加速，双子星8号在雷达上看到了"阿金纳"。这时，双子星8号在"阿金纳"下方27千米的轨道上，它们相距约330千米。

又过了一阵子，阿姆斯特朗从他前面的舷窗往外望，一个微小的光点出现在他前上方不远处。那个微小的光点就是"阿金纳"。根据雷达显示的画面可知，两者之间此时还有141千米的距离。当双方的距离只有102千米时，阿姆斯特朗将双子星8号交给计算机控制。计算机控制着双子星8号从低层轨道逐渐升高，向着"阿金纳"靠近。

等到双方接近到46米时，阿姆斯特朗解除自动控制，手动控制着飞船向"阿金纳"靠近。当两者接近到15米时，他停止前进，让飞船围着"阿金纳"飞了一圈，确定它的外表没有受损，然后开始小心翼翼地操纵着飞船四周的十几枚微型火箭，让飞船以每秒8厘米的速度靠近"阿金纳"的对接口。这时，他感觉和地面模拟训练时几乎完全相同！

绿灯亮起，完美对接

双子星8号的对接器慢慢地靠近"阿金纳"的对接口，阿姆斯特朗目不转睛地盯着仪表板上的指示屏，缓缓将对接器伸入"阿金纳"的对接口内。几分钟之后，轻轻的"喀隆"声传来，仪表板上对接成功的绿灯随即亮起，表示双子星8号的对接器已伸入"阿金纳"的对接口，并已锁好，所有电线接头也已接上并锁紧，两艘飞船已完全结为一体。阿姆斯特朗完成了人类史上的第一次飞船在轨对接任务。

成功对接之后，斯科特先是按照NASA的测试计划，查看两艘飞船之间的系统是否已互通，然后在双子星8号内经由连接好的电力系统，启动"阿金纳"计算机中的一个程序，让"阿金纳"的自动控制系统带动两艘飞船的结合体向右转90度。

上述任务结束后，阿姆斯特朗与斯科特都感觉到飞船仍在持续向右滚转，并没有停止。阿姆斯特朗一开始以为是惯性导致飞船持续向右滚转，于是启动了双子星8号的反向火箭，止住了滚转。但是当他将反向火箭停止之后，飞船又立刻继续向右滚转。

虽然当时向右滚转的速度不是很大，但阿姆斯特朗觉得这种状况不正常，应该立刻将双子星8号与"阿金纳"分开。万一"阿金纳"在滚转所产生的应力下破裂，机体内的燃料很可能会外溢而被助燃剂引爆。因此，将两艘飞船分开，是眼前的上上策。

致命的异常滚转

阿姆斯特朗将这个决定告诉斯科特，并表示他将先设法让飞船停止滚转，请斯科特趁着飞船停止滚转的时候，立刻将双子星8号与"阿金纳"分离。

阿姆斯特朗启动反向喷射的微型火箭，使两艘飞船缓缓停止了向右的滚转。就在滚转完全停止的一刹那，斯科特按下分离的按钮，双子星 8 号对接器内的锁头很快地缩回舱内。在仪表板上的绿灯转为红灯之际，用于分离的微型火箭启动，双子星 8 号随即向后退出。

阿姆斯特朗原本认为，在与"阿金纳"分离后，自己所在的双子星 8 号将会停止滚转。没想到的是，在分离的那一瞬间，双子星 8 号再次向右滚转，而且滚转的速度比原先还要大，几乎每秒钟就能自转一圈！

阿姆斯特朗从舷窗向外望，黑暗的夜空中只有几颗星星不断地在眼前转动，仪表板上的状态仪也像风车一样在不停地滚转。在如此紧急的情况下，阿姆斯特朗表现得异常冷静，他判断，应该是双子星 8 号的一枚微型火箭卡在"开"的位置上，持续喷射，使得双子星 8 号不断滚转。

原先在两艘飞船对接的状况下，由于质量较大，滚转的速度没有那么大，但当脱离"阿金纳"之后，双子星 8 号的滚转速度立刻加快。在这种情况下，解决问题的根本之道，是将那枚卡在"开"的微型火箭关掉。然而，在快速的滚转当中，他根本无法找出到底是哪一枚微型火箭被卡住了。

阿姆斯特朗必须想出其他方法来解决这个问题。

关掉总开关

就在那电光石火的刹那，阿姆斯特朗伸手将控制系统中微型火箭的总开关关掉，这样不管是哪一枚火箭被卡住，都会在那一瞬间被关掉。

不料，在导致滚转的微型火箭被关掉后，飞船并没有停止滚转，牛顿的惯性定律在几百年前就将这个情形解释得非常清楚：除非有反向的力量加入，否则飞船将不会停止滚转！

在关掉控制系统中微型火箭的总开关之后，阿姆斯特朗随即启动了重返系统[3]中可以让飞船向左滚转的微型火箭，双子星 8 号这才停止了向右滚转。

阿姆斯特朗的这个动作真是神来之笔，虽然控制系统的微型火箭与重返系统的微型火箭具有同样的功能，但是它们分别属于两个不同的系统。这说明阿姆斯特朗对双子

---

3. 重返系统是操纵宇宙飞船重返地球大气层的系统。

星 8 号的控制系统有着深入的了解，因此才能在如此紧急的关头做出正确的决定。

双子星 8 号虽然停止了滚转，但又引起了另一个问题。根据 NASA 设定的紧急程序，重返系统的微型火箭一旦启动，不论启动时间多短，飞船都必须立刻返回地球。

临时决定新的降落地点

双子星 8 号原先的计划是在太空中停留 4 天，任务完成后重返地球的降落地点是在大西洋，而且海军的接应舰队早已在附近待命。而意外发生的时候，双子星 8 号仅在太空中停留了 8 个多小时，如果这时重返地球，将无法落在原先预定的降落地点。

NASA 很快地算出当时最近的一个备降地点，就是位于太平洋中琉球群岛东南方约 800 千米处的某一点。如果选择在那里降落，双子星 8 号必须在轨道中再多绕一圈。双子星 8 号的指令长阿姆斯特朗觉得让飞船多绕一圈并无大碍，于是同意在该地点降落[4]。

当时，在太平洋备降地点附近海域，具有回收宇宙飞船能力的船只是一艘驱逐舰。这艘军舰虽说是在"附近"，其实也在 100 千米之外，要 5 个多小时才能赶到备降地点。接到 NASA 的请求后，该舰火速前往宇宙飞船预定的备降地点。

一个多小时之后，双子星 8 号启动重返系统的减速火箭，让飞船离开轨道开始下降。

显然，军舰已经无法在飞船溅落海面之前抵达现场，于是他们从嘉手纳空军基地派出一架 C–54 运输机，并带着救生人员先行前往飞船预定的备降地点。

当双子星 8 号进入大气层，下降到 3000 米左右的高度时，飞船顶部的 3 个巨大的降落伞自动打开，红白相间的伞盖格外显眼。C–54 运输机的飞行员很容易就看到了下降中的双子星 8 号，并在飞船溅落海面的时候，正好飞到它的上方。

---

4. 双子星 8 号绕地球飞行一圈需用时 89 分钟，而地球本身也在以每小时 15 度的速度进行自转，所以双子星 8 号绕地球飞行一圈后，并不会回到地球的同一地点，而是在原点以西约 22.5 经度的地方。

3 位训练有素的海上搜救队成员从 C-54 运输机上跳伞而下，落到双子星 8 号附近。他们先将飞机上投下的橡胶浮囊充气，再扣挂在飞船四周，避免飞船下沉，然后才将飞船的舱门打开。坐在里面的两位航天员在经历过史上第一次太空危机后，终于安全地回到地球。

阿姆斯特朗在做任务说明时，以非常专业的口吻将当时的状况以及他的判断和反应做了仔细的解说。即使面对一些科学家所提出的尖锐问题，他也能沉着应对。所有在场的人都认为，阿姆斯特朗在这次事件中的处理方式是"无懈可击"的。

斯科特也在做任务说明时说："他（阿姆斯特朗）真的很厉害，也非常了解宇宙飞船的控制系统。在如此紧急的情况下，他能很快地想到解决问题的方法，这是整个事件化险为夷的主要原因。那天我能与他一起飞行是我的幸运。"

事后，双子星 8 号宇宙飞船被运回工厂，虽然工程师们仔细检查了控制系统及每一枚微型火箭，却都没能找到任何故障的痕迹及原因。不过根据事故发生时航天员与航天中心的全部对话以及遥感系统传回来的数据，工程师们判断：引起这起事故最可能的原因是控制系统中某处聚集的静电经一枚向右的微型火箭放电，意外启动了那枚微型火箭。为此，工程师们也将微型火箭控制系统的电路做了全面的修改，以避免同样的事故再度发生。

虽然没能找出事故的真正原因，但阿姆斯特朗在这次事件中的表现给 NASA 的管理层留下了深刻的印象。或许，阿姆斯特朗能担任人类首次登陆月球任务的指令长，成为第一位踏足月球表面的人，与这次事件有着相当大的关系。

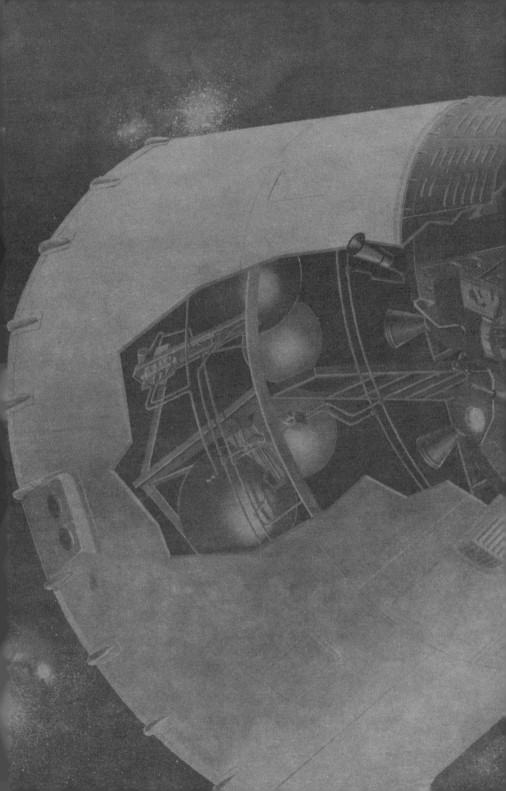

第二章
纯氧烈火
阿波罗一号

自从美国总统肯尼迪于 1961 年设下前往月球的愿景，社会上顿时爆发了一阵"太空热"。然而，一般人对于新鲜事物喜爱的持久性向来不长，不久大众对于太空探险的热衷程度就大不如前了。

1966 年 9 月，以太空为背景的科幻电视剧《星际迷航》开播，但收视率竟然出奇地低。除了大众对太空探索的兴趣大不如前，NASA 也因经费逐年缩减，对实现"在 1970 年之前登陆月球"不再有把握。肯尼迪之后的下一任美国总统约翰逊在听了 NASA 的报告之后，重新审视了整个登月计划。由于当时的国际形势，他担心苏联有可能抢先登陆月球。因此，他开始思考如何在失去面子的同时，将损失降到最低。

于是，美国开始在联合国推动《外层空间条约》（全称为《关于各国探索和利用包括月球和其他天体在内外层空间活动的原则条约》）。条约中规定各国应将太空探索限于和平用途，并强调太空属于全人类，没有国家能将任何太空天体据为己有。这个条约在 1966 年 12 月 19 日的联合国大会中被所有与会国通过。

准确预言登月计划

有趣的是，签约仪式的前一天晚上，《星际迷航》播出最新一集，剧情叙述企业号宇宙飞船因为误入时光隧道，从未来回到1960年代，飞船上的人听到了地面电台的新闻广播，提到美国的3位航天员正在进行登陆月球的演习。

就在那几天，阿波罗1号（Apollo 1）的任务指令长格里森、太空舱首席飞行员怀特和太空舱飞行员查菲，的确在佛罗里达州的肯尼迪航天中心进行阿波罗1号发射前的测试与演习。

格里森是1959年NASA选出的第一批7位航天员之一，他曾参与水星计划中的自由钟7号（Liberty Bell 7）的飞行任务（美国历史上第二次的载人航天飞行）以及双子星3号等两次太空任务。在阿波罗1号的任务中，他将第三次进入太空。

怀特则是1962年NASA选出的9位航天员之一，他曾于1965年搭乘双子星4号进入太空，并在那次任务中成为第一位进行太空漫步的美国人。在阿波罗1号的任务中，他将第二次进入太空。相较于格里森与怀特，查菲则是资历较浅的航天员，他是 NASA 于 1963 年选出的第三批 14 位航天员中的一位，从未进入过太空。

阿波罗 1 号的 3 位航天员，左起依次是指令长格里森、飞行员怀特、飞行员查菲。

修改太多，来不及训练

阿波罗 1 号太空舱在发射前一个月（1966 年 12 月）才通过最后的测试，随后便被安装在土星 5 号运载火箭的顶端。虽然太空舱通过了所有的测试，但是 3 位航天员对"它"并不是很信任，因为自从当年 8 月 NASA 的工程师签收这个太空舱之后，在进行各项测试时陆续发现了许多问题。光是为了解决那些问题，制造商就发出了 600 多项工程修改命令，而这些工程修改命令并不只是要将太空舱进行修改，连用于训练航天员的模拟舱也要进行修改。但是因为人力有限，所以经常在太空舱修改了几个星期之后，还无法派出技术人员去修改模拟舱。这使得航天员在进入太空舱时发现，他们所面对的环境与训练时使用的模拟舱有着很大的差异，因而感到相当沮丧。

除了模拟舱与太空舱无法同步外，模拟舱也经常发生故障，这使得许多训练无法顺利进行。有一次，指令长格里森把一颗柠檬带进位于佛罗里达州的肯尼迪航天中心，并将它挂在模拟舱的外面[1]。

　　航天员对阿波罗 1 号太空舱不信任的传言，很快就被媒体知道了，《纽约时报》的记者为此特别访问了指令长格里森，问他会不会担心太空舱因为众多潜在的问题而造成无法预期的灾难。

　　当时，格里森是这样回答的："这种事你不能去想。其实，任何一趟飞行都有可能发生致命的故障，可能发生在你第一次飞行，也可能发生在你最后一次飞行。因此，只要你是带着一组训练有素的人员，尽力准备好面对所有可能会发生的事情，就没有什么好担心的了。"

　　虽然格里森说只要准备周全就没什么好担心的，但是没有人知道，在 1967 年 1 月 27 日那天，当他带着另外两位航天员进入阿波罗 1 号太空舱进行测试时，他是否曾担心可能会发生灾难性的事故。

---

1. 美国称经常发生故障的车子为"柠檬"，在此代表该模拟舱也经常发生故障。

异常气味

那天，他们要进行发射程序的演习。这项测试是要求3位航天员在太空舱内，演习发射前的倒计时程序。位于佛罗里达州的肯尼迪航天中心（火箭发射地点）与休斯敦任务指挥中心全程参与测试。在测试的过程中，太空舱与外界之间一切的电力、液压、气压、氧气等所有接头都被拔掉，只使用太空舱自带的资源，因此这项测试也被称为"拔除插头测试"。

阿波罗 1 号的太空舱位于高度超过 110 米的土星 5 号运载火箭顶端，显得非常渺小。当天下午 1 点，3 位戴着头盔、穿着全套航天服并各自提着一个手提冷气机的航天员在地勤人员的陪同下[2]，抵达肯尼迪航天中心的第 34 号发射台，然后乘坐电梯前往发射台的顶端。

佛罗里达州的冬季相对比较温暖，然而在发射台顶

---

2. 航天服是密不透风的，可以将外界极端温度与航天员隔离开，但是航天员本身体温所产生的热量，也无法散到航天服外面。为了让航天服内部保持舒适的温度，航天员在地面时必须随身带着一个手提冷气机，不断地将冷空气灌入航天服内。

端，风刮在身上还是会让人有种凉飕飕的感觉。一位地勤人员打开了电梯门，快步走过空桥，进入太空舱外面的"白屋"——那是空桥与太空舱接触的部分，用夹板将四周包起来，可以在里面放一些测试仪器。之所以称它作"白屋"，除了它真是白色的之外，也因为里面的工作人员都穿着白色的工作服。

在 NASA 发布的这张照片中，阿波罗 1 号的 3 位航天员曾在一起虔诚祈祷，可惜他们仍然难逃火灾厄运。

平时，白屋的地板上有许多连接到太空舱的管路，那天为了测试，已经将所有的管路拔掉收好，因此整个环境显得非常清爽。3 位航天员在进入白屋后，先将手提冷气机的接头从航天服上拔掉，然后在工作人员的协助下进入太空舱，并将太空舱内部的空调与氧气接头接到航天服上。

正当工作人员将太空舱里的氧气管接到格里森的航天服上时，格里森立刻闻到一股牛奶发酵的酸味，这是不正常的现象。于是，工作人员立刻将氧气管拔掉，开始寻找异常气味的源头。如此一来，倒计时程序就必须暂停。工作人员先将有异味的氧气取样收存，然后再开始一段一段地拆开氧气管检视。经过 80 分钟的检视，工作人员并没有发现问题出在哪里，而异常气味这时又凭空消失了。于是，格里森通知任务指挥中心，表示可以恢复倒计时程序，继续进行测试，那时是下午 2 点 42 分。

舱门难开

恢复倒计时程序的 3 分钟后，3 位航天员已在太空舱中坐好。航天服上的通信、氧气和空调等管路也已接上，于是工作人员开启了关闭舱门的程序。太空舱的入口一共有 3 道门，最里面的一道门只是一块可以活动的舱盖，由航天员从太空舱里面推到舱口，再用弹簧压杆固定在舱口，开启时是向内拉开的。第二道门是用铰链固定在太空舱上的，门关上后由航天员从内部将门锁上，开启时是向外打开的，这道门的外层也是太空舱在返回地球大气层时隔热层的一部分。

最外层的门也是向外开启的，由地勤人员在太空舱外面关上并锁好。这道门是太空舱在发射时"保护外壳"（整流罩）的一部分，当太空舱离开大气层，进入太空轨道之前，这个"保护外壳"就会随着太空舱顶端的逃逸塔一并被抛弃[3]。

将舱门设计得这么复杂，与格里森本人有着相当大的关系。6年前（1961年7月21日），NASA在第二次尝试载人航天飞行时，格里森所乘坐的自由钟7号[4]太空舱溅落在大西洋后，舱门在无预警的情况下自行开启，导致海水灌入舱内，使太空舱沉入海中。为了不让这种意外重演，NASA吸取了教训，改进了后续的舱门设计。

---

3. 逃逸塔是位于太空舱顶端的小型火箭。在发射过程中如果发生意外，航天员可以将逃逸塔启动，将太空舱从土星5号运载火箭顶端快速分离。

4. 自由钟7号太空舱在沉入大海30余年后，于1999年7月20日被捞起。

舱门关好之后，航天员按照正常程序开启氧气阀，让纯氧进入太空舱，将太空舱内部的环境变成纯氧的环境，并继续加压让舱内的压强达到比外界压强高的 115.1 千帕[5]。

在太空舱加压的同时，航天员开始测试无线电的通话功能。就在这时，格里森发现他的麦克风无法关掉，一直处于"开"的状态，这使得太空舱里的所有声音都被传到外界，但是格里森却听不到外界的任何声音。为了处理这个问题，测试的倒计时程序再次被叫停。

太麻烦了，先不处理

工作人员在太空舱外找不出任何故障，因此判断是太空舱内部的问题。如果要修理的话，势必要开启舱门，那么整个测试又将耽误很长一段时间。测试执行官沙文在 6 点 20 分决定，暂时不处理这一故障，待测试结束后再进行维修，同时宣布测试在 10 分钟后重新开始。

---

5. 在正常情况下，海平面的大气压强是 101.3 千帕。因为太空中是真空环境，没有空气压力，而为了要让航天员正常地生活，舱内就必须加压，所以舱内的压强就大于舱外的压强。NASA 为了模拟太空中的情况，决定在测试时将舱内的压强增加到大于外界的压强。

虽然测试执行官决定要继续进行测试，但是通信的问题似乎越来越糟，不只格里森的麦克风无法关掉，其他两位航天员的无线电设备中也充斥着杂音，太空舱与任务控制室和发射台之间根本无法正常通话。

格里森对这个状况非常不满，他说："如果我们跟外面的人通话都有问题，还想去月球？"

回答他的依旧只是杂音，坐在他右侧的怀特对他说："他们根本没听到你在说什么。"

"天哪！"格里森叹了一口气，把刚才那句话又重复了一遍。

全都烧起来了！

就在这时，在1600多千米之外的休斯敦航天中心，一位电机工程师约翰逊正在监控这项测试，他发现太空舱里的电流突然大幅增加。他正想看得仔细一点，并确认出了什么问题时，他的耳机中就传来一阵高频的尖叫声，接着就是一连串听不清楚的杂音，不过他依稀可以听到有人在喊"着火了"！

约翰逊似乎不太相信他所听到的信息，于是转身问他旁边的另一位工程师："你听到了吗？"随即他便确认这是紧急情况，于是大声呼叫在场所有的工程师和测试监控人员："太空舱着火了！"

其实，约翰逊所看到的电流大幅增加现象，是由于太空舱内的一处电线发生了短路现象。而短路所引起的火花，在纯氧的环境下立刻引起火灾。在听到第一声尖叫"着火了"几秒钟之后，无线电设备的杂音中似乎可以听见怀特在喊："哎呀，太空舱里起火了！我们赶快出去，这里烧起来了！"接着是查菲大喊："火势很大，全都烧起来了，赶快出去……"

此时，在肯尼迪航天中心任务控制室里的沙文也知道太空舱里出了大事，他朝着对讲机大声地喊："喂，组员们，你们可以出来吗？发射台领班，赶快去帮他们！格里森，听得到我说话吗？领班，请确认状况！"

在发射台底端的掩体内有一台电视，上面显示着太空舱里的状况，掩体内的工作人员惊恐地看着大火席卷了整个太空舱内部，同时怀特依旧在太空舱内奋力尝试打开内层舱盖。工作人员看着那恐怖的画面，脑子却全然无法接受这个事实。直到有人大声叫出："太空舱着火了！"这才将众人拉回现实，大家开始冲向电梯，赶往发射塔的顶端，去营救3位被困在太空舱内的航天员。

在太空舱外部，白屋里的几位工作人员已经开始动手打开太空舱最外层的门，然而他们还没来得及将门锁解开，太空舱的外壳就在"嘭"的一声后炸裂，内部的火焰和浓烟从破裂处冲了出来。这突如其来的状况让那群在太空舱旁边的工作人员吓了一跳，都不自觉地后退了几步。此时，整个白屋内已经充满浓烟和一氧化碳，工作人员不得不退到白屋外面的空桥上，然后七手八脚地从工具箱里拿出一些防毒面具似的面罩，但这种面罩在高温且充满浓烟的环境下根本没用。几位工作人员决定用接力的方式，每人先深深吸进一口气，然后轮流憋着气进入白屋，在浓烟中摸索着将舱门打开。

而任务控制室里的工程师们这时已经意识到，现场的工作人员正面临着更大的风险：如果太空舱内蹿出的火苗将太空舱顶端的逃逸塔引燃的话，其喷出的火焰会使整个发射台燃烧起来，那么那枚高达 100 多米的土星 5 号运载火箭将会立刻变成一个极度可怕、巨大无比的超级燃烧弹。

就在测试执行官沙文考虑是否要下令撤离发射台上的所有人员时，冒着浓烟与高温，憋气进入白屋试图打开太空舱舱门的工作人员，竟成功地将舱门打开。外界的空气瞬间进入燃烧中的太空舱，立刻将舱内的氧气浓度冲淡，火势顿时受到压制而减小了许多，仅剩下舱内的一些易燃物品还在继续燃烧。这时，救火队员也已赶到，很快地将舱内的剩余火焰扑灭。

一位工作人员探身进入太空舱，一开始根本看不到航天员在哪里，但他很快就回过神来。他寻找的是他熟悉的、穿着白色航天服的航天员，而在他眼前的是已经被烈焰浓烟烧毁、熏黑的太空舱内部。在那残破的仪表板和座椅间，依稀可以辨认出 3 个人的身影。

愚蠢的错误

这个噩耗很快就以新闻快报的方式传了出去。专程前往华盛顿参与《外层空间条约》签字仪式的阿姆斯特朗、洛弗尔与赛尔南3位航天员也在下榻的旅馆中得到消息。虽然在他们的飞行生涯中曾多次遇到同僚因飞机失事而丧生的事件，但在探索太空的道路上遇到如此重大的挫折，还是头一次。他们悲伤的心情久久不能平复。于是，他们聚在房间里，谈论着日后阿波罗计划的可能走向，当然也谈到了死亡。

他们心里也都曾想过，在太空任务中可能遭遇的困境，例如太空舱在太空中无预警泄压、登月舱在月球上无法启动返航火箭等。任何这样的故障都会导致死亡，只是谁也没有想到，悲剧竟然会发生在地面演习时！

太空舱着火导致3位航天员罹难的消息，成为当时所有报纸的头条新闻。人们在震惊之余，除了为航天员遇难感到悲痛外，也对整个事件的缘由感到愤怒。"纯氧环境易燃"算是常识，NASA怎么会犯下如此愚蠢的错误？

在美国航空界，如果有任何意外发生，通常是由独立的美国国家运输安全委员会来进行调查的。那些调查人员都是航空界的专家，但与飞机制造商或航空公司没有任何利益关系，这样在调查时才能不受外界的任何影响，从而找出事情的真相。然而，在当时，太空探索是一个全新的领域，这方面的专家几乎全在 NASA 任职，因此很难找到一群与 NASA 没有利益关系的专家来调查这次重大的意外事件。

当时，NASA 的负责人韦伯为了太空计划的前途，顾不得有人会对自己"球员兼裁判"的身份有所疑虑，前去向约翰逊总统提议，由 NASA 自行调查这个惨剧。

约翰逊在听取了韦伯的建议和解释后，也批准了他的请求，将调查的重任交给 NASA。

于是，韦伯指定 NASA 兰利研究中心的主任汤普森博士担任调查小组的召集人。最后，调查小组由 7 位专业人士组成，包含科学家、工程师和航天员。

短路 + 火花 + 纯氧

在调查小组第一次开会时，韦伯诚恳地并认真地告诉调查小组的成员："我希望大家能认真找出这次意外的真正原因，不要想着替 NASA 或我留面子，美国人民有权知道整个意外事件的真相，你们的责任就是找出原因并告诉他们！"

调查小组成员之一的航天员波尔曼听了韦伯的话后，在他的日记中写下："……其实他所说的，就是我的想法，但从他的嘴里说出来，则更坚定了我的信念。"

调查小组做的第一件事，就是复盘这个"拔除插头测试"的经过，把从当天下午 1 点钟 3 位航天员进入太空舱开始，一直到医疗人员宣布 3 位航天员在火灾中罹难为止，这期间发生的所有事件按照时间顺序记录下来。然后，对这一过程进行深入分析，来判断哪些事件与着火有关。

他们很快就发现，格里森抱怨氧气中有酸奶味、麦克风无法关掉、无线电设备中有大量杂音等问题，都与火灾没有任何关系。唯一有直接关联的就是在着火前的一瞬间，休斯敦航天中心工程师约翰逊发现的"太空舱内的电流突然大幅增加"的现象。那是很明显的电线短路现象，而短路所引起的火花在纯氧环境里，绝对会引发猛烈的火灾。

在电流突然增大的电力汇流排上，一共接了7个电子仪器。到底是哪一个电子仪器发生短路？这就是调查小组要查明的问题。

这7个电子仪器分布在太空舱的不同位置，而太空舱在经过大火焚烧后，大部分仪器都已被焚毁到无法辨识的程度。从那些被烧坏的仪器残骸中去判断哪一个仪器曾经发生短路，实在不是一件容易的事。

调查小组找来了一群与3位殉难航天员熟识的人，将录音带中第一声"着火了"反复地播放了不知多少遍，想确定这句通报的话究竟是哪位航天员说的。但是因为这句话很短，说得又快，声调也较高，所以听了许多遍之后还是没有人敢确定。后来，经过贝尔实验室的计算机分析，这句话是查菲说的概率最大。于是，调查小组就从查菲所坐的位置开始调查，试图判断那7个仪器中哪几个仪器是查菲可以看到的。

经过反复的试验与推测，并调阅了组装太空舱时的照片，调查小组认为，发生短路的极可能是一条位于空气滤清器检修门下方的电线。这条电线可能在经过检修门多次开关之后，其外层橡胶被检修门磨损，露出金属铜线，导致短路，并产生了火花。

舱门为什么打不开

按照紧急程序，太空舱发生意外时，坐在舱门下方的怀特必须在第一时间将内层的舱盖打开。在发射台底端掩体内的工作人员也都从电视上看到，怀特当时已伸手去拉锁住舱盖的弹簧压杆，然而还没等他将内层舱盖打开，火势就已蔓延到整个太空舱内部。

太空舱是完全密闭的空间，在燃烧的情况下，内部的压强会迅速蹿升，这让怀特根本无法将内层舱盖向内拉开。这种高压环境也将太空舱的外壳冲破，让火焰和浓烟冒出太空舱外。

根据测试时所留下的录音带，在查菲喊出第一声"着火了"之后，隔了几秒钟怀特也喊出："哎呀，太空舱里起火了！我们赶快出去，这里烧起来了！"接着是查菲大喊："火势很大，全都烧起来了，赶快出去……"接下去

调查小组为了找出电线短路的正确位置与原因，伤透了脑筋。

就是无法听清楚的声音以及不断的悲嚎。19 秒之后，语音通话就因无线电设备被烧毁而中断。简直无法想象，3 位航天员在他们的生命尽头到底经历着什么样的炼狱环境！

法医在验尸时判断，3 位航天员在第一声"着火了"之后的 90 秒内，都因吸入大量浓烟引发大脑缺氧而丧生，身上的烧伤全是在死亡之后发生的。

确认了起火原因是电线短路之后，无论是业内人士，还是圈外人士，都有着同样的问题：为什么太空舱内是纯氧环境？

他们说纯氧很安全……

其实，根据阿波罗 1 号太空舱最早的设计，其内部是氧气与氮气混合的环境，这种混合气跟我们日常生活中所呼吸的空气是一样的。但是后来 NASA 发现正在设计中的太空舱越来越重，大大超出了预定重量。整个航天计划的负责人吉尔鲁斯非常担心，因为每增加一千克的重量，就需要几十牛的额外推力去推动，而土星 5 号运载火箭的推力是固定的，所以将太空舱保持在预定重量内是设计时非常重要的一环。

为了减轻太空舱的重量，NASA 的工作人员建议：如果不使用氮气，那么所省下的不只是氮气、氮气罐与管路的重量，还可以省下混合这两种气体所需要的机器的重量。

提出这个建议的人更进一步指出，在太空舱内使用单一氧气会比使用氮、氧的混合气体更安全，因为万一混合氧气与氮气的机器出现故障，无法充分地将氧气与氮气混合，航天员可能因缺氧而昏迷。因此单一氧气的系统不但较轻，也更简单、更安全。

当时，航空公司的工程师们立刻提出反对意见，他们认为，将太空舱变成纯氧环境，虽然可以减轻重量，但实在太危险了，只要一丁点火花就会造成不可挽回的后果。然而 NASA 却认为，一旦进入太空，太空舱内部的压强只有 34 千帕，在这种低压环境下，即使起火，航天员也能在短时间内轻易地将它扑灭。再说，在水星计划的太空任务中，太空舱内的环境也是纯氧，也没有发生意外，因此纯氧环境是一个可行的方案。

航空公司的工程师们虽然认为"以前不曾发生，并不代表以后不会发生"，但 NASA 是客户，客户有权决定太空舱的最后构型，因此双方就没有再继续讨论此事。

在"减轻重量"的考虑下，NASA 于 1962 年 8 月 28 日正式以公文通知航空公司：将太空舱的氮氧混合气系统改为纯氧系统。

4 年后，就在 1967 年 1 月 27 日那天，那份公文所埋下的"炸弹"终于爆发了。在 NASA 的管理层目瞪口呆地看着被烧毁的太空舱时，原先反对纯氧环境的工程师们也不忍心再说出："我早告诉过你！"

真诚地改过

调查小组经过两个多月的缜密调查，于 1967 年 4 月交出了阿波罗 1 号太空舱的失事调查报告。报告中指出，此次重大意外事件最主要的原因就是太空舱内纯氧和高压的环境。高压纯氧环境使电线短路的微小火花迅速变成明火，短时间内蔓延到整个太空舱，而火势所造成的高温与高压让航天员根本无法将朝内开启的太空舱盖打开，这才造成了这一悲剧。

调查小组除了指出失事原因之外，同时提出了几项改进建议，其中最重要的一项就是，将太空舱内部在地面发射之前的环境，恢复到最初的氧气与氮气混合的设计（60% 氧气、40% 氮气），并保持舱内的压强与外界相同（大约为 101.3 千帕）。在火箭发射后的快速爬升途中，太空舱内的压强逐渐下降，等太空舱进入太空轨道，舱内的压强下降到 34 千帕时，再将舱内改成纯氧供应，直至返回地球进入大气层时。

除了以上的改进之外，NASA 还对整个阿波罗计划做了以下几项修改：

1. 将航天服的材料从原来的尼龙材料改成耐火性强的贝塔材料，这是一种涂有聚四氟乙烯的玻璃纤维，可以耐高温，同时不易被烧化。

2. 太空舱的舱门经过重新设计，在发生紧急情况时可以在 5 秒钟之内开启。

3. 太空舱里所有的易燃材料全部都更换为自熄材料。

4. 太空舱里的电线都放入导管之内，以降低电线的橡胶外皮出现任何损坏的风险，杜绝电线短路的情况发生。

为了实现肯尼迪总统设下的愿景——在 1960 年代结束之前完成登月壮举，NASA 在执行这些修改计划时，将阿波罗 1 号的意外事件当成重要警示，今后绝不轻易忽视任何一个细节。也正是由于这种精神，NASA 在 3 位航天员殉职之后的第 21 个月（1968 年 10 月 11 日），将修改之后的阿波罗 7 号太空舱发射升空，并在 9 个月之后的 1969 年 7 月 20 日完成了登陆月球的任务！

第三章

我已下令！结果要命……

联盟1号

自从 1957 年苏联将第一颗人造卫星送入地球轨道后，美苏之间就开始了长达 10 余年的太空竞赛。起初的几年间，苏联占了上风，除了人造卫星"抢了头香"之外，更是在美国之前将第一位航天员送入太空。灰头土脸的美国在肯尼迪总统设下"10 年内登陆月球"的愿景后，倾全国之力开始为进入太空而努力。

经过水星计划和双子星计划之后，美国于 1966 年进入阿波罗计划阶段，这是一个以登陆月球为目标的计划。美国试图在两年内实现登月的目标，然而阿波罗 1 号的重大意外事件，导致 3 位航天员遇难。美国社会开始质疑有没有必要花那么多的钱，冒那么大的危险去登陆月球。尤其是这次意外事件的原因，竟是犯下了连中学生都知道的"纯氧环境中不能有任何火花"的错误，这使美国的航天计划顿时陷入难以继续前进的困境。

复杂的大宣传剧本

美国的这场意外，让在这场太空竞赛里似乎处于下风的苏联有了迎头赶上的机会。虽然那时苏联已有两年没有送人进入太空，但为了登月而设计的联盟1号（Soyuz 1）宇宙飞船已处于最后测试阶段。而1967年正是苏俄十月革命50周年，因此苏联决定在当年5月1日劳动节之前，把联盟1号送入太空，这样除了可以庆祝革命成功50周年外，还可以让苏联在太空竞赛中回到领先的位置。

联盟1号宇宙飞船是苏联航天计划负责人科罗廖夫为探月计划所设计的宇宙飞船，但设计尚未完成，科罗廖夫就在1966年初因患癌症而过世。接替他职位的米申急于建立自己的威信，因此当他接到命令要在5月1日之前发射联盟1号时，便一口答应了。

然而，事情的进展却不如想象中的顺利，1966年底及1967年初，米申下令试飞了两次无人搭乘的联盟1号宇宙飞船，两次都以失败收场。然而米申却表示，他们已找出导致前两次失败的原因，然后加以改进，并表示可以在劳动节之前如期将载人飞船送入太空轨道。

其实，米申所接下的任务并不是"将一艘载人飞船送入太空轨道"这么简单而已。该计划还要求，在联盟1号进入轨道的第二天，发射另一艘搭载3位航天员的联盟2号，然后在太空轨道中与联盟1号进行苏联的第一次太空对接。

按照计划，对接完成后，联盟2号中有两位航天员将从飞船中出来，进行太空漫步，并进入联盟1号，再跟着联盟1号返回地球。

其实这两艘飞船在太空中对接之后，航天员大可以通过对接处的通道，从联盟2号进入联盟1号。但是为了国际宣传效果，航天员被要求在指定的时间段内进行太空漫步，因为那个时间段是光线最好的时候，这样就可以留下美好的影像资料。

结果，这几项计划，除了顺利将联盟1号送入太空算是成功之外，其余的都因为联盟1号在太空中发生严重故障而被迫取消。联盟1号也在返回地球时，因减速降落伞出现故障，导致飞船高速撞击地面，航天员科马洛夫不幸罹难。

外行领导

50 多年后的今天，通过许多解密的档案可以知道，联盟 1 号宇宙飞船的失事，其实是有征兆的。

科罗廖夫逝世后，米申虽然成为苏联航天计划的负责人和总工程师，但他对联盟 1 号其实并不太了解，处理技术问题时经常显得有些举棋不定。而且他与航天员团队的负责人卡曼之间的关系也不是很好，两人经常会为了一些不同的观点而争执到水火不容的地步，例如米申希望航天员团队中能多一些具有科学与工程学背景的平民参与，而卡曼却坚持认为航天员都必须是军中飞行人员。另外，在宇宙飞船的操作方面，两人也有许多不同的观点。米申希望两艘飞船在太空中对接时，采取计算机控制的自动化对接系统，这让飞行员出身的卡曼无法接受，他坚决主张飞船对接时的所有动作必须由航天员操控[1]。

有了这些观点上的不同，两人在开会时就无法就事论

---

1. 美苏在发展航天计划的开端，都曾思考过航天员所需具备的学术背景与飞行经验等条件。美国从第二批 9 位航天员开始，更广泛地招募具有工程学与科学背景的人员。虽然许多航天员依旧是试飞员出身，但具有工程学或科学方面的硕士、博士学位者极为常见。

事地平心讨论，而是经常争执到面红耳赤。这不但不能解决问题，反而浪费了许多宝贵的时间，因为联盟1号的发射时间已经是一个不可更改的日期了。

执行这次任务的航天员是科马洛夫，他是苏联航天员当中少数拥有航空工程学背景的人，曾在1964年10月担任过上升1号（Voskhod 1）宇宙飞船的任务指令长。那次飞行是首次将三位航天员挤在一艘飞船中升空，这一决定在当时是有争议的。根据原本的设计，上升1号只能搭载两位航天员，但因为上级临时决定要让三位航天员升空，所以航天中心只能在本来就不宽敞的空间里，将原本的两个座椅换成三个小一号的座椅。

在这种情况下，宇宙飞船里面的空间就不允许航天员穿上航天服了，因此三位航天员在发射时仅穿着平常的飞行衣，而没有穿上航天服。幸好上升1号的飞行时间仅为一天，并未给三位航天员造成太大的困难。

上级已下令

如同先前决定要让三位航天员使用原本设计只能搭载两人的上升1号一样，在5月1日劳动节之前将联盟1号送上太空，是一个政策决定，而不是出于专业考量，因此航天中心根本没有说"不"的余地，只能设法完成任务。然而这次，航天中心对任务能否成功抱持着相当大的疑问。当时，联盟1号还有太多问题需要修正，工程师和科学家只能在有限的时间内尽可能多解决一些问题，让飞船在升空后不会造成令人难堪的后果。

随着发射日期的逼近，联盟1号仍然有许多问题没解决。而这次的候补航天员，就是苏联的国宝级航天员加加林。他认为如果在这种情况下贸然升空，可能就是一次有去无回的死亡任务。于是，他与其他几位航天员在计划发射前的一个多星期，联名将他们所知道的联盟1号的200多项缺陷写成了一份详细的报告，准备呈给上级部门。然而解密的资料显示，那份报告不但没能送出，而且除了加加林之外，参与这项报告的其他人竟然都受到了不同程度的处分。

加加林也曾试着说服上级，让他取代科马洛夫执行联盟1号的飞行任务，他希望上级能在顾及他个人安危的情况下，将发射的时机延迟到飞船缺陷获得改进之后，不过他最终没能成功说服上级。

舍弃科学

联盟1号宇宙飞船在1967年4月20日被送抵发射中心，工作人员随即开始将飞船安装到运载火箭的顶端。与此同时，与本次任务有关的作业单位，也在航天中心进行发射前的完备审查会议，每个单位都要报告各自负责的系统，如电力、燃料、导航、通信等，并指出该系统是否完备，是否可以发射。

会议中虽然有些系统的工程师表示该系统还有些状况，需要时间继续改进，但与会的领导却表示发射时间不能更改，所有问题必须在4月23日发射前解决。

发射前的完备审查会议一直开到当天晚上10点多，最

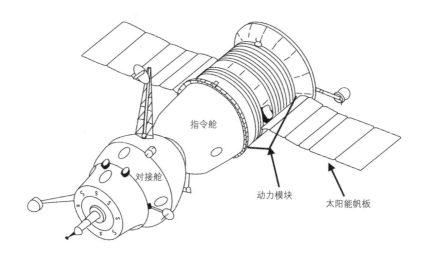

指令舱

对接舱

动力模块

太阳能帆板

联盟 1 号宇宙飞船的各个部位。

后所有系统的负责人都在会议记录上签了名，表示所有的系统都已经准备妥当，可以如期发射。

4 月 21 日上午，联盟 1 号宇宙飞船与运载火箭组合完毕，并从组装厂移送到发射台，开始进行整合测试。这次测试开始后不久就因为一项人为的失误而导致测试不得不重新开始。在第二次测试时，所有的系统都完美过关，这让航天中心负责人米申松了一口气。

第二天，联盟 1 号开始测试飞船与航天中心之间的遥测功能，这项测试也圆满完成，这让所有参与项目的人信心倍增。当天下午，航天员科马洛夫也到达发射台，问候所有在场的工作人员，并与他们合影。那些工作人员向科马洛夫保证，他绝对可以信任他们经手的飞船。

4月23日凌晨3点35分，科马洛夫搭乘联盟1号宇宙飞船于拜科努尔航天发射场顺利升空，并在9分钟后进入预定轨道。科马洛夫也因此成为当时苏联唯一一位多次进入太空的航天员！

来不及庆祝就出事了

当时，负责监控此次发射的科学家与工程师都在拍手庆祝发射成功。然而，掌声尚未停止，科马洛夫就通知指挥中心：宇宙飞船左侧的太阳能帆板未能顺利展开。这是个极度严重的问题，因为宇宙飞船的电池必须借助飞船左右两侧的太阳能帆板所产生的电力来充电，失去了一侧太阳能帆板的电力后，飞船的电力系统将失去一半的电力，这意味着电力系统和必须用电力来运行的仪器都无法正常使用。科马洛夫在飞船内不断尝试着启动备用系统，将左侧的太阳能帆板展开，但那块出现故障的太阳能帆板却毫无动静。他甚至在宇宙飞船内用脚对着太阳能帆板的位置踢了几下，希望用外力将太阳能帆板打开，但那个顽固的太阳能帆板始终一动不动。

左侧的太阳能帆板无法展开，除了造成供电不足外，也将星跟踪器[2]的观测孔挡住了——在无法通过观星来判断自身姿态的情况下，飞船的自动姿态控制系统就完全无法运作。航天中心的科学家们建议科马洛夫启动手动操纵姿态控制系统的微型导向火箭，以便控制飞船的姿态。这个方法虽然暂时稳住了飞船的姿态，但也因为过度使用微型导向火箭，消耗了不少推进剂。

为了解决联盟1号太阳能帆板未能展开的问题，航天中心临时赋予联盟2号航天员一个新的任务：那两位计划通过太空漫步前往联盟1号的航天员，必须在太空中尝试

---

2. 星跟踪器是一个由天文学家设计的光学仪器，宇宙飞船和人造卫星利用这个仪器来寻找太空中几个已知的星体，继而根据那些星体的位置，来判断宇宙飞船或人造卫星本身的位置和姿态。太空中没有空气，因此无法用方向舵、升降舵和副翼来改变宇宙飞船的姿态，必须利用装在宇宙飞船周遭的微型导向火箭来控制宇宙飞船的方向。例如：启动宇宙飞船顶端左侧的微型导向火箭，会导致宇宙飞船顶端向右偏。

将联盟 1 号被卡住的太阳能帆板打开。于是，两位航天员立刻开始在一个地面模拟舱内练习这次任务的所有步骤。

联盟 2 号原本计划在 24 日的午夜发射，但前一天夜里拜科努尔航天发射场下了一场大雨，雨势超过了火箭发射的天气标准，航天中心不得不暂时取消联盟 2 号的发射任务。下一个发射的时机是当天下午。

无人能救，自行返航

此时，科马洛夫在太空中已经绕地球飞行了 13 圈，电池中的电量也降低到相当危险的程度，而且右侧太阳能帆板所产生的电力根本无法将飞船上的电池充满。在这种情况下，科马洛夫势必无法等待联盟 2 号的航天员前来解救。于是，航天中心的科学家们决定让科马洛夫提早返回地球。

宇宙飞船若要返回地球，进入大气层时的角度就极其重要。如果角度太小，飞船会像打水漂一样，擦着大气层的边缘被弹回太空；如果角度太大，飞船则会与空气剧烈摩擦产生高温，面临被烧毁的厄运。因此，航天员必须先将飞船摆成正确的姿态，然后启动返航火箭，让飞船根据科学家精确计算出的角度进入大气层。

返航的第一个步骤，如果有计算机协助的话，根本不是个问题，但是联盟1号的自动姿态控制系统却无法运作，因为那个无法展开的太阳能帆板挡住了星跟踪器，所以宇宙飞船进入大气层时的姿态与角度就必须完全由航天员手动控制，这对航天员来说极具挑战性。

航天员通过手动控制系统控制宇宙飞船姿态与角度的操作必须在白天进行，航天员必须在阳光下目视地球的弧度并将其作为操控的依据。因为联盟1号下一次在白天进入苏联上空的时机是在第17圈轨道，所以科学家决定让科马洛夫在飞行至第17圈轨道时，开始执行返回地球的步骤。

根据航天中心针对联盟1号返航所提出的修正计划，联盟1号上的返航火箭必须在莫斯科时间24日凌晨2点56分12秒启动，并在146秒后关闭，让飞船开始离开太空轨道，然后在3点8分将飞船的对接舱及动力模块与指令舱分离，最后指令舱单独进入大气层。如果一切顺利的话，位于指令舱顶端的引导伞会在 3 点 21 分展开，将降落伞从伞舱中拖出，指令舱将在 3 点 36 分降落在卡拉干达（哈萨克斯坦的一个省）以东约 150 千米处。

虽然科马洛夫在地面的模拟舱内练习过利用手动控制系统操纵宇宙飞船，但他从来没有操纵过一侧太阳能帆板未展开、左右不平衡的飞船，因此他在开始操作时有些力不从心，未能把握短暂的白昼时机（联盟 1 号绕地球飞行一周的时间是 90 分钟，因此白昼部分仅有 45 分钟，在苏联本土上空的白昼时间就更短了），将飞船的姿态摆正。这使得飞船无法在启动返航火箭前将角度对准，于是他被迫放弃这次进入大气层的尝试。

当航天中心获悉联盟 1 号未能在第 17 圈轨道顺利启动返航火箭之后，所有导航系统的工程师立刻着手规划另一个返航计划，因为联盟 1 号电池所剩余的电力仅能勉强再撑两个轨道了。

半个多小时之后，联盟 1 号的候补航天员加加林将工程师们所赶出来的返航计划通知给太空中的科马洛夫。这一次，科马洛夫将在莫斯科时间上午 5 点 57 分启动返航火箭，150 秒后将火箭关闭，6 点 7 分将对接舱及动力模块抛弃，然后在 6 点 37 分降落在奥伦堡的一块平原上。

灾难滚雪球

然而，在联盟 1 号进入第 19 圈轨道的白昼部分时，科马洛夫仍然面对宇宙飞船左右不平衡的问题，但这次他勉强将飞船的姿态摆正，并且在飞船处于适合角度时启动了返航火箭。为了保持飞船的飞行角度，科马洛夫必须持续使用微型导向火箭来调整因左右不平衡而导致的角度偏差。因为过度使用微型导向火箭，所以推进剂在飞船进入大气层前就用完了，这使得科马洛夫无法继续控制飞船的角度。所幸那时已接近大气层，飞船可以继续顺着惯性弹道以原来的角度前进。

飞船在进入大气层前，将对接舱及动力模块抛弃，让指令舱继续以惯性弹道的角度进入大气层。指令舱在进入大气层时与空气的摩擦使指令舱的表面温度高达 2000 摄氏度。在这样的高温之下，指令舱的周围形成了一层高温电离层，无线电的电波无法穿透这个电离层，导致指令舱与地面的通信全面中断。

等到指令舱恢复与航天中心的通信时，航天中心的科学家与工程师都松了一口气，因为接下来的步骤就是利用降落伞减速，然后落地。如果是这样落幕的话，此次任务虽然因为太阳能帆板卡住的问题而不得不提前结束，但结果仍在可以接受的范围之内。

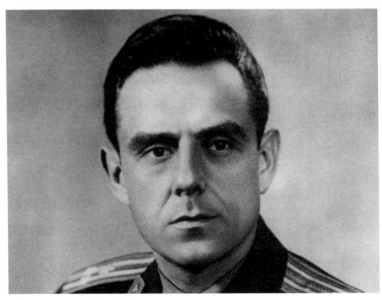

不幸遇难的航天员科马洛夫。

没有想到的是，厄运再次降临在这个麻烦不断的指令舱上。先是指令舱在进入大气层后开始剧烈滚转，偏离了原先设定的下降路径（因为微型火箭的推进剂已用完，航天员无法继续用微型导向火箭来控制方向），然后引导伞虽然在指令舱进入大气层后及时打开，却未能将主伞从伞舱中拖出。这时，在指令舱内的科马洛夫立刻将备用伞的按钮按下，备用伞随即从伞舱中蹿出，只不过备用伞的伞衣还没有完全展开，就与引导伞的伞绳缠在一起，导致备用伞无法完全打开。

重达3吨的指令舱，就如自由落体般朝着地面快速坠落。

当航天中心控制室里的人知道指令舱的主伞、备用伞都没能打开时，整个控制室里顿时一片死寂，完全听不到任何声音。大家心知肚明，几分钟之后指令舱就会以极高的速度撞向地球表面。面对这个即将发生的悲剧，他们却束手无策。

被困在指令舱中的科马洛夫也很清楚即将发生的惨剧。他在太空舱中最后的呐喊通过无线电设备传到监控人员的耳机中，与控制室里的寂静形成强烈的对比。那是生与死的永恒对比。

最后，指令舱以每秒 40 米的速度撞向地面，指令舱底部原本预备在着陆前启动的减速火箭，在那阵巨大的撞击力下立刻爆炸起火。

地面接应小组的直升机并没有在预定降落地点发现指令舱的踪影，可当直升机飞行员将飞机拉高之后，发现在原先预定降落地点的西方有黑烟和火焰，他立刻调转飞机的方向，向着那缕黑烟飞去。

当直升机靠近起火现场时，接应小组的人非常遗憾地发现，那就是指令舱的残骸。与引导伞缠在一起的备用伞散在残骸旁边，格外醒目。直升机降落在距离火焰约 100 米的地

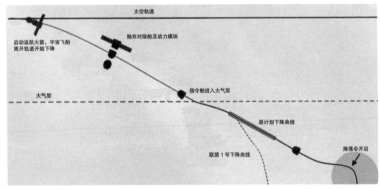

太空轨道

启动返航火箭，宇宙飞船
离开轨道开始下降

抛弃对接舱及动力模块

大气层

指令舱进入大气层

原计划下降曲线

联盟 1 号下降曲线

降落伞开启

联盟 1 号下降路径。

方，接应人员拿着直升机上的手提灭火器冲到燃烧中的指令舱旁边，试图将火焰熄灭，却因为火势太大，手提灭火器根本起不了作用。情急之中，救生人员用铲子铲起地上的泥土撒向指令舱，想要将火扑灭。

火熄灭了之后，救生人员将烧毁的指令舱撬开，可是科马洛夫已经被烧焦了。

酿成大悲剧

本来准备立下航天员在太空中更换宇宙飞船创举的联盟1号、联盟2号飞行计划，竟酿成航天员因指令舱坠毁而不幸遇难的悲剧。事件发生之后，官方立刻组成失事调查小组，试图找出真相，并追究应该为此事负责的人。

失事调查小组第一件要查的事，就是引导伞为何没能将主伞拖出伞舱。要找出答案不难：当初在设计时，工程师是根据主伞制造商所提供的资料计算出，需要约15000牛的拉力才能将主伞拖出伞舱。然而，那是在正常气压情况下所需要的拉力。工程师没有考虑到当指令舱在下坠时，舱内是加压的状态，而位于指令舱顶端的主伞舱却暴露在高空低气压的环境中。当舱内的压力直接压挤顶端的主伞舱时，拉出主伞就需要27000牛的拉力！而工程师所设计的引导伞，最多只能提供17000牛的拉力。

如果经过正常测试步骤的话，这个失误绝对会被发现，但是在时间紧迫的压力下，这项测试就被迫取消，从而造成了致命的后果。

接着，太阳能帆板与动力模块都在进入大气层时被烧毁，失事调查小组无法得知左侧太阳能帆板未能展开的原因。不过他们认为，那个未能展开的太阳能帆板，反而救了联盟2号的3位航天员！如果联盟1号的太阳能帆板没有发生故障的话，那么联盟2号一定会在那场大雨之后升空，而联盟2号的主伞与联盟1号有着同样的设计，那么联盟2号在返回地球时，大概率也会发生主伞无法被引导伞拉出的憾事。

失事调查小组最后指出，航天计划负责人米申对联盟1号没有全盘的了解，是导致这次意外事件的主要原因。同时，他未能得到航天员团队负责人卡曼的充分配合，也是这次意外事件的原因之一。

　　1967 年的上半年，美国和苏联的太空探索都发生了严重的意外事件。美国花了近 21 个月重新设计并准备，在 1968 年 10 月将阿波罗 7 号宇宙飞船发射升空。苏联也在同一时间段将联盟 2 号与联盟 3 号发射升空，并尝试空中对接，但仍以失败收场，幸好这次两艘飞船都安全返回地面。

第四章
最成功的失败

阿波罗13号

在浩瀚的宇宙中，一个造型奇怪的白色物体正快速地往宇宙深处飞去，在它遥远后方的一个蓝色行星就是地球，也是它出发的地点。而它的目的地——月球，并不在它的前方，而在它右边遥远的天际。

这个白色的物体就是阿波罗 13 号宇宙飞船，当它以接近 40000 千米/时的速度在太空中冲刺时，月球也正"缓缓"地以 3600 多千米/时的速度，在自己固定的轨道中前进。尽管两者的速度不同，但 NASA 的科学家经过计算已经知道：几天之后，阿波罗 13 号将会与月球在太空中相遇，届时阿波罗 13 号将执行人类的第三次登月任务。

发射前就出状况

阿波罗 13 号几乎可以说是一开始就麻烦不断。在出发前，人员轮替就出了状况，这让 NASA 陷入几乎派不出人出任务的窘况。

那是在阿波罗 13 号发射前 7 天，候补组员中的杜克无意间接触到一位正在出风疹的人。因为当时仅是短暂的接触，并且在他回到训练中心后也没有任何症状，所以他就没将这件事向上呈报，继续与阿波罗 13 号的正选组员和候补组员一同参加训练。

没想到在发射前 4 天，杜克风疹发作。NASA 这才知道所有可以执行阿波罗 13 号任务的人都已被传染。医师诊察后发现，除了杜克之外，其余五位被传染的组员当中，有三位先前已注射过风疹疫苗，一位曾得过风疹，只有正选组员中的马丁利既没有打过疫苗，也没得过风疹，因此他在未来几天中患病的风险最大。

在这种情形下，NASA 考虑更换组员，而通常为了组员之间的默契，更换组员时都是整组人员一同更换。然而这次候补组员中的杜克风疹已经发作，所以只能将马丁利一人换下，让候补组员中的斯威格特顶上。

因此当阿波罗 13 号发射升空时，其组员是正选与候补组员的混合搭配。任务指令长是美国海军学院毕业的洛弗尔，担任过海军战斗机飞行员和海军试飞员，是第二批被选入 NASA 的航天员。他也是当时 NASA 所有航天员中，拥有最长太空飞行时间的航天员，参加过双子星 7 号、双子星 12 号和阿波罗 8 号的太空飞行任务。登月舱的飞行员海斯是前海军陆战队的战斗机飞行员，担任过 NASA 的试飞员。

从候补组员中被选上参加这次任务的斯威格特，担任指令舱飞行员的职务。他与海斯都是 NASA 招募的第五批航天员，在加入 NASA 之前他曾是战斗机飞行员和航空公司的试飞员。

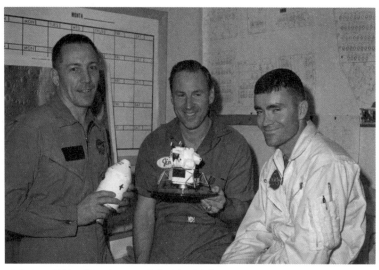

阿波罗 13 号的 3 位组员——登月舱飞行员海斯（左起）、指令长洛弗尔、指令舱飞行员斯威格特。

发射后差点酿成灾难

3 位航天员总算就位，于是阿波罗 13 号在 1970 年 4 月 11 日借助土星 5 号运载火箭，于卡纳维拉尔角航天中心发射升空。

土星 5 号运载火箭是当初为了完成肯尼迪总统的登月计划，由冯·布劳恩与他的团队设计出来的。这枚高达 110.6 米的土星 5 号运载火箭其实是由三节不同的火箭模块组合而成的，是一枚具有极大推力且稳定可靠的火箭。就算在 50 余年后的今天，土星 5 号运载火箭仍是世界上推力最大的火箭。

虽然阿波罗 13 号发射的时候，NASA 已有两次成功探月的纪录，但探月这件事对人类来说仍具有极高的风险。阿波罗 13 号在发射时，第一节火箭模块的燃烧相当顺利，发射升空 168 秒后在推进剂用完时被抛弃，那时阿波罗 13 号已经冲到 67 千米左右的高空。第一节火箭模块被抛弃后，第二节火箭模块开始工作，但在第二节火箭模块的五枚火箭中，位于中间的一枚火箭因为燃烧不稳定，导致推力变化太大，造成整枚火箭剧烈地震动，推力一度在瞬间剧增，震波的幅度远远超过火箭结构可以承受的范围[1]。

控制火箭的计算机监测到剧烈震动，立即将那枚燃烧不稳定的火箭关闭，而当时阿波罗13号尚未进入距离地球表面190千米高的暂时轨道，因此第二节火箭模块中其余四枚火箭的燃烧时间必须延长4分钟左右，才能勉强将阿波罗13号送入暂时轨道。

事后NASA根据火箭传回来的数据分析，如果计算机没有将那枚火箭关掉的话，再一次剧烈的震动绝对会将火箭脆弱的外壳和燃料箱震破，那么火箭内的液态氧和液态氢会在外泄后相遇，继而产生反应，必然会造成灾难性的后果。

月球将前来与他们交会

当阿波罗13号在暂时轨道上绕地球飞行时，3位航

---

1. 土星5号运载火箭的第一节火箭模块由5个F-1火箭组成，5个火箭发动机排列成"十"字形（外圈有4个火箭发动机，还有1个火箭发动机在中间）。第二节火箭模块是由5个J-2火箭发动机组成的，5个火箭发动机亦排列成"十"字形。

天员将飞船上的所有系统都检查了一遍，并与航天中心会商后，觉得之前第二节火箭模块的异常震动状况并未影响到其他系统，于是决定继续进行"月球转移轨道射入（Translunar Injection）"的程序。这个程序是科学家在经过精确计算之后的准确时间点，启动土星5号运载火箭第三节火箭模块中唯一的J-2火箭发动机，让它持续燃烧350秒之后关闭。这段时间内所产生的推力，可以让阿波罗13号宇宙飞船加速到脱离地球引力的速度[2]，同时这个速度可以使飞船从原来绕地球飞行的"圆形轨道"进入"高偏心率椭圆轨道"，而这个轨道会和月球绕地球运行的轨迹重叠，飞船将在轨迹重叠的时候，进入绕月轨道。

在第三节火箭模块的J-2火箭发动机推动下，阿波罗13号离开了地球轨道，展开为期3天前往月球的旅程。在这期间，航天员要做的第一件事就是将指令舱与登月舱对接在一起。

为了执行登月任务，NASA的科学家设计了3个不同的太空舱，即指令舱、服务舱和登月舱。指令舱是圆锥形

---

2. 脱离地球引力的速度约为16.7千米/秒，即约为60000千米/时。

的，活动空间仅有 6.9 立方米，仅比一辆大型休旅车稍大一点。3 位航天员在去程和回程时都必须挤在这个窄小的空间中。服务舱则是一个高约 7.5 米，直径约为 3.9 米的圆柱形舱，舱内没有加压，除了一个安装在尾部的 J-2 火箭助推器之外，舱内装的是执行登月任务所需要的补给物资，如氧气、燃料、蓄电池、散热器等[3]。在火箭发射的时候，指令舱与服务舱是结合在一起并置于土星 5 号运载火箭顶端的，而登月舱则放在服务舱的下面。

发射升空后，到了飞船脱离地球轨道前往月球时，航天员就得先将指令－服务舱与第三节火箭模块分离（此时登月舱还连接着第三节火箭模块），随即掉转 180 度，使指令舱的顶端对准登月舱的顶端。这时，航天员会将几片覆盖在登月舱对接口外的舱板引爆，让那几片舱板脱离登月舱，使登月舱暴露在太空中。航天员再将指令舱的顶端伸入登月舱的对接口内，与登月舱对接，并且将登月舱从第三节火箭模块中拉出来。然后这 3 个舱（登月舱、指令

---

3. 服务舱没有加压，舱内与舱外的压力一致，服务舱在太空时的内外压力都是 0 牛。

舱与服务舱）的组合体再继续往月球飞去。第三节火箭模块则在此时被抛弃。

做完这一连串的动作之后，整艘宇宙飞船（3个舱的组合体）就能很平稳地朝着宇宙深处飞去。航天员心里知

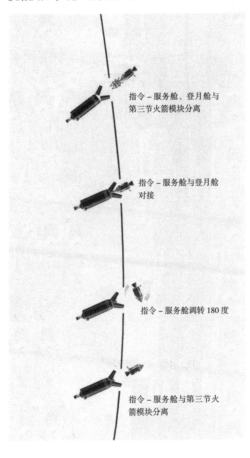

指令－服务舱、登月舱与第三节火箭模块分离

指令－服务舱与登月舱对接

指令－服务舱调转180度

指令－服务舱与第三节火箭模块分离

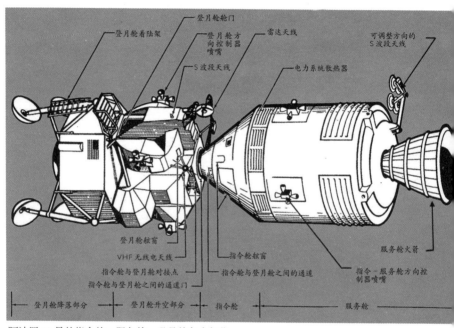

阿波罗 13 号的指令舱、服务舱、登月舱各个部位。

道，3 天之后月球将会前来与他们相会。

没人看的直播

在这次任务之前，NASA 已经两次成功登陆月球。之前登陆月球的任务主要是证明人类有能力前往地球以外的星球，并没有任何其他重要的任务。航天员在采取月球土壤样本时，也只是在着陆地点附近铲了一些样本回来。这次，阿波罗 13 号的任务除了精确降落在月球上的指定地点之外，最重要的就是为地质学家搜集月球表面特殊地表岩石的样本。为此，在出发前，地质学家还特别对准备登月的两位航天员进行了几个星期的培训，让他们了解月球表面哪些地质样本值得带回地球，供研究之用。

在飞往月球途中的第二天，航天中心突然收到阿波罗 13 号传来的"求救"声。几位在航天中心值班的人员瞬间紧张起来，但在听完了航天员的说明后，他们全都大笑起来。原来航天员斯威格特发现他在出发之前忘记报税了，而转眼 4 月 15 日（美国每年报税的截止日期）即将来临，因此他在焦急之下向航天中心求救，问可不可以替他向税

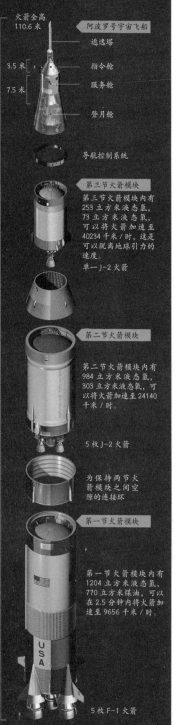

土星 5 号运载火箭

火箭全高 110.6 米

阿波罗号宇宙飞船
- 逃逸塔
- 指令舱 (3.5 米)
- 服务舱 (7.5 米)
- 登月舱

导航控制系统

第三节火箭模块
第三节火箭模块内有253立方米液态氢，73立方米液态氧，可以将火箭加速至40234千米/时，这是可以脱离地球引力的速度。
单一J-2火箭

第二节火箭模块
第二节火箭模块内有984立方米液态氢，303立方米液态氧，可以将火箭加速至24140千米/时。
5枚J-2火箭

为保持两节火箭模块之间空隙的连接环

第一节火箭模块
第一节火箭模块内有1204立方米液态氢，770立方米煤油，可以在2.5分钟内将火箭加速至9656千米/时。

USA

5枚F-1火箭

务部门申请延期报税。

航天中心的几位值班人员中，还真有人替他打电话给税务部门，对方告知有一条现成的法规可以替航天员解困，那就是如果当事人在报税截止日正在"国外"的话，报税的时间节点可以顺延60天。

航天中心非常了解，在60多个小时飞往月球的航程中，被困在窄小的指令舱里是非常不舒服的一件事，因此替航天员想了不少解闷的点子。其中一项就是，让航天员通过摄影机将飞行的状况及指令舱与登月舱的内部设备，介绍给地面电视机前的观众。然而人类首次登陆月球的新闻热潮已经过去了，先前执行第一次登月任务时全球有几亿名观众守在电视机前，而这一次的关注度就大不如前了。

虽然大众对于阿波罗 13 号的太空现场直播没有太大的兴趣，但航天中心还是请指令长洛弗尔如期直播。收看这次直播的观众，仅是在航天中心贵宾室里包括洛弗尔太太

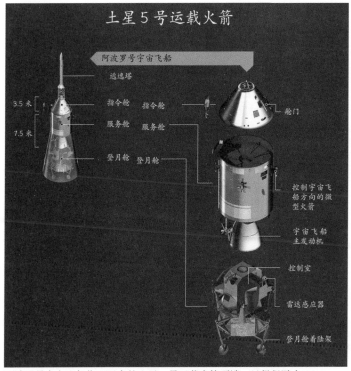

土星 5 号运载火箭

阿波罗号宇宙飞船

逃逸塔

3.5 米　指令舱　指令舱　舱门

7.5 米　服务舱　服务舱

登月舱　登月舱

控制宇宙飞船方向的微型火箭

宇宙飞船主发动机

控制室

雷达感应器

登月舱着陆架

阿波罗号宇宙飞船位于巨大的土星 5 号运载火箭顶端，显得很渺小。

在内的一些员工家属。

救生工具到不了的地方

就在直播结束后不久，正当洛弗尔要将摄影机收起来的时候，飞行监控员赖伯卡发现服务舱里两个液态氧储存罐里的压力表指示似乎有些异常，因此他请斯威格特将液态氧储存罐里的搅拌器打开，看看液态氧在经过搅拌之后，压力表的指示是否会改变。斯威格特收到这道指令后，随即伸手按下搅拌器的开关。95秒之后，一声很大、很沉闷的爆炸声从服务舱传来，整艘飞船也随即猛烈地振动了一下。

阿波罗13号遇上麻烦了！

"休斯敦，我们有麻烦了！"斯威格特说出了这句让人印象深刻的话。

这一刻，阿波罗13号正位于一个距离地球约370000千米，没有任何救生工具可以及时赶到的地方。

"休斯敦，是的，我们有麻烦了，B主总线显示电压过低。"指令长洛弗尔随即将他所观察到的现象报告给航天中心。

斯威格特一开始认为，那声巨响与振动是陨石击中了飞船而引起的。然而他马上就意识到这个想法不对，因为飞船当时并没有出现压力外泄的状况。

与此同时，航天中心控制室里的工作人员也观察到了洛弗尔所说的"B 主总线显示电压过低"的情况。在控制室值班的飞行主任克兰兹询问主管电力系统的赖伯卡是怎么一回事，赖伯卡第一时间的回答却是"仪表错误"，而不是真正的紧急状况。然而，赖伯卡很快就明白，眼前的情况并不是仪表错误，因为除了 B 主总线电压过低之外，A 主总线的电压也开始下降。

紧张之余，他立刻查看了位于服务舱内的三个燃料电池，发现其中两个燃料电池竟然已经没电了。此时，整个仪表板上所有的警告灯都闪烁着刺眼的光。在那些闪烁着的警告灯中，赖伯卡看到了二号氧气罐的压力指示为零，一号氧气罐的压力也在不断下降。他顿时明白阿波罗 13 号真的遇上麻烦了。

氧气正在流失

就在这时，洛弗尔往窗外看去。只见一阵像雾似的气体正在向外泄漏，于是他向航天中心报告："我们正在向太空中泄出一些气体。"

航天中心负责与阿波罗 13 号进行联系的另一位航天员洛斯马听到这句话后心里一凉，他断定正在外泄的气体是飞船的命脉——氧气。那些氧气不但是航天员的呼吸所需，更是燃料电池[4]的助燃剂。如果氧气漏光了，电池将无法充电，3 位航天员也没有任何生路。

克兰兹意识到事态严重，他必须在氧气漏完之前想出一个解决办法，要不然在他任职期间，将会有 3 位航天员罹难，这是他绝不能接受的事！

克兰兹想到，指令舱的氧气是来自服务舱的氧气罐，但登月舱的氧气却是自给自足的，因为登月舱有自己独立

4.宇宙飞船的燃料电池可以将氢气和氧气混合时所产生的能量转化成电能并储存起来。

的氧气罐。于是，他立刻决定让3位航天员全部转移到登月舱，将那里当成一个避难的场所。

登月舱顾名思义是为登陆月球而特别设计的太空舱，它分为降落和升空两个部分。升空部分是架设在降落部分上面的。降落月球表面时，两个部分是连在一起的，执行登月任务的两位航天员就在升空部分内操纵整个登月舱。升空部分的活动空间比指令舱还小，仅有4.5立方米。等到登月任务完成后，航天员返回到升空部分，启动升空火箭，把升空部分带离月球表面，继而进入月球轨道与指令舱交会。而降落部分则被弃置在月球表面。

任务目标变为救人

克兰兹召集所有工作人员并宣布："阿波罗13号的任务目标已经更改，从现在起，新的任务是将3位航天员安全地带回地球。"他让大家根据当前的状况，在一天之内想出营救3位航天员的办法。

专家们在考虑营救航天员的方法之前，必须要先做一个非常重要的决定，那就是让阿波罗 13 号走哪一条路回来！当时有两条路可以走：第一条路是立刻停止前进，让飞船调头，开始返航；第二条路是让飞船继续前进，在进入月球轨道，并绕月球飞行一圈后，再开始返航。

一般人在直觉上会觉得，既然在去月球的路上发生这么大的意外，那么让 3 位航天员尽快调头返航才是上策。然而，这样的"直接返航"就必须用到服务舱后的火箭，以便让飞船在飞抵月球前就改变方向，朝着地球的方向飞行（火箭可以让快速飞行的飞船减速并停止，然后在飞船调头对准地球后，再利用火箭的推力让飞船加速并朝着地球进发）。

然而在意外事件发生之后，克兰兹认为服务舱后面的火箭极可能已受损，不知道是否还能提供所需要的推力。在状况未明的情形下，克兰兹决定走第二条路，一条虽然比较费时，但却较为保险的路。登月舱的火箭威力虽然没有服务舱的火箭大，但仍能产生足够的推力让飞船脱离月球引力，朝着地球飞行[5]。

---

5. 脱离月球引力的速度约为 2.4 千米 / 秒，即大约为 8600 千米 / 时。

克兰兹将他的想法说出来后，所有与会人员都同意他提出的"绕月后再返回地球"的方式。即使返回地球的路径已确定，他们仍面临着许多问题。

一次机会，多个问题

当时，航天中心里的气氛十分紧张，控制室旁边的几个小会议室里，挤满了各方面的专家。以往他们开会时总是争论不休，但这次一反常态，每个人都仔细地听着其他人提出的意见，同时适时地将自己的意见表达出来。因为他们知道，在会议结束时就必须做出一个决定，已经没有时间留到下次再讨论了，而且他们这一次的决定关乎着3位航天员的生命。

首先就是氧气问题。因为服务舱氧气外泄，导致3位航天员必须到登月舱避难，所以氧气是否足够，就成为他们最关心的问题。登月舱的负责人说，利用绕月后再返回地球的方式，需用时约4天。可是最初在任务规划时，预计两位航天员只会在登月舱里面待45个小时，因此登月舱的氧气存储量只够两个人用 45 个小时，就算加上 100% 的安全备份，也只有两个人 90 个小时的使用量。幸运的是，登月舱上的两枚火箭（着陆时的减速火箭和再升空时的发射火箭）有足够多的氧气助燃剂；同时，舱内两个为登月而准备的背包里面各有 3 个小时的氧气。因此，氧气量估计是足够的。

除了氧气之外，水也是航天员不可缺少的物资。在太空中，水除了提供航天员生活所需之外，同时也要用来冷却飞船里的一些机械。人可以一天不喝水，但靠水来冷却的机械却无法一天没水。指令舱里的燃料电池，在利用氢气和氧气发电时，其副产品就是水，但登月舱使用的却是银锌电池，无法产生水。

航天员海斯在计算了登月舱的水量后发现，即使每人每天的饮水量控制在 200 立方厘米，所有的水也将在返回地球前 5 个小时用完。不过根据阿波罗 11 号返航时的数据，那些需要用水冷却的机械，其实是可以连续六七个小时不用水来冷却的。因此水虽然很紧缺，但是影响不会很大。

接着还有电力问题。无论是登月舱还是指令舱，所有仪器的运作都要靠电力来维持。登月舱的电池电量可供其执行 45 个小时的登月任务，加上安全备份的电量，对 4 天的返航来说应该没问题。然而，登月舱是无法返回地球的，航天员必须在进入大气层前将登月舱抛弃[6]，回到指令舱，搭乘指令舱返回地球。可是那时指令舱的电池已没有电了，所以工程师们必须尽快想出办法，利用登月舱的电去为指令舱的电池充电，这样也许能将指令舱的电池充到可以维持到返航的程度。然而登月舱拥有的总电量有限，因此在回程的 4 天中，就必须将登月舱内的一些次要电力系统关闭，以节约用电。

当宇宙飞船在太空航行时，必须完全利用计算机来导航。于是，洛弗尔在离开指令舱，进入登月舱避难之前，将指令舱导航计算机上的数据抄录下来，准备将那些数据输入登月舱的导航计算机中。

但是在将数据输入导航计算机之前，登月舱的导航计

---

6. 在规划登月计划时，就把登月舱设定为用完即弃置的设备，因此它的外形也无须配合重返大气层的要求。因为太空中没有空气，所以登月舱的设计完全没有考虑到空气动力学。当登月舱进入大气层时，绝对会因空气摩擦产生的高温而被烧毁。

算机必须先进行自我定位。通常导航计算机在定位时，是利用飞船上一个类似六分仪的光学定位望远镜，去找几个固定的星球当坐标，然后根据那几个星球与飞船之间的角度来确定飞船在太空中的位置。当时，飞船附近漂浮着许多服务舱爆炸后留下的碎片，这些碎片在阳光的照射下很刺眼，这使洛弗尔无法分辨哪些是真的星球，哪些是服务舱碎片。

寻找星球来定位的想法就此落空。航天中心的专家很快又提供了另一个解决方案：利用太阳来定位。洛弗尔将飞船转向专家所提供的一个角度之后，从登月舱的光学定位望远镜向外望去，太阳果然就在专家所推测的角度上。于是，登月舱的导航计算机就这样完成了定位！

找一条免费的回家之路

成功定位最重要的意义，就是可以将宇宙飞船带进回家的快捷通道。太空星际航行中有一种特别的轨道叫"自由返回轨道"⁷。阿波罗 13 号原来的目的是要登陆月球，

---

7. 宇宙飞船在火箭的推力下脱离地球引力后，就将火箭关闭。而宇宙飞船在太空中没有空气阻力，受地球引力的影响也很小，因此几乎不用任何火箭的推力就可以匀速前进，不需要火箭的推力也就不需要任何燃料。当宇宙飞船进入月球轨道再飞行一圈之后，再度启动火箭将宇宙飞船加速到脱离月球引力的速度，宇宙飞船就会离开月球轨道向着地

因此所处的位置并不在自由返回轨道上。现在登月计划已不可能实现，所以必须设法驶入自由返回轨道，这是最便捷的回家路径。阿波罗 13 号成功定位后，很快就算出如何从当时的登月轨道进入自由返回轨道。在服务舱发生事故的 5 小时 35 分钟后，洛弗尔启动登月舱火箭，让它燃烧了 34.2 秒，飞船也顺利进入自由返回轨道。

现在所有参与这次任务的人，都聚焦于"如何让飞船早一些返回地球"。航天中心的几位专家提出一个建议，那就是抛弃服务舱以减轻重量，如此一来指令舱可以提早 36 个小时抵达地球。这个建议乍听起来颇具吸引力，但克兰兹在详细地了解这个建议后，却将它否决了。根据这个建议，指令舱会落在印度洋，而不是太平洋，而美国在印度洋没有足够的营救船舰。更重要的原因则是，若抛弃服务舱，指令舱后面的隔热板将会在极冷的太空中暴露两天，而当初设计隔热板时，并没有考虑到它会在低温下暴露如此长的时间，更不清楚在指令舱进入地球大气层面对高温

球冲去，这时又是几乎不需要任何燃料就可以回到地球，这种星际航行的方法就被称为"自由返回轨道"。

时又会发生什么样的后果。因此这个建议的风险太大，无法采用。

就在登月舱绕月球飞行时，航天中心的另一位工程师博斯蒂克在经过精确计算后发现，稍后在启动登月舱火箭以脱离月球引力的时候，若将火箭的燃烧时间延长到4分23秒，则会将指令舱送入另一条自由返回轨道。这条轨道可以让指令舱提早12个小时回到地球，并落在营救船舰早已部署好的太平洋上。

克兰兹和NASA的管理层接受了博斯蒂克的建议，并让他将所算出来的火箭启动程序、时机与燃烧时间通知给阿波罗13号上的3位航天员。

正当洛弗尔忙着将无线电设备中传来的程序记下时，他发现海斯和斯威格特两人正拿着相机对准窗外，不停地拍摄月球表面暗灰色的、毫无生机的景色。他叹了口气，对着两位组员说："如果我们无法精准地执行下一个操作，你们大概就没机会回家冲洗那些底片了！"海斯笑着回答他："你是到过月球的人，我们可是第一次来啊！"洛弗尔根据博斯蒂克提供的操作程序，在阿波罗13号绕月一圈结束之际，于指定的时间点启动了登月舱火箭，让它在燃烧4分23秒之后再次关闭。飞船果然顺利进入了那条快速的自由返回轨道，朝着地球直冲过去。

我好冷，快吸不到氧气了……

为了节省电力，此时航天员们关闭了登月舱中的大部分系统，包括暖气。这使登月舱的温度很快就降到3摄氏度左右，3位航天员冷得直哆嗦。于是，洛弗尔和海斯两人将原本要在登月时穿的靴子套上，而斯威格特因为是指令舱的飞行员，原先的任务规划只要求他留在指令舱内，不需要登月，所以他没有靴子可以保暖，只好多穿一件飞行衣。

不管是穿上靴子还是套上飞行衣，都无法让航天员躲过刺骨的寒冷。本来洛弗尔想让大家穿上航天服以避寒，但是航天服太过厚重，穿上之后活动会相当不便，而且航天员被闷在航天服内会更不舒服，因此航天服也没有太大的帮助。

就这样，3 位航天员在冰冷的环境下熬了一天半。不料"屋漏偏逢连夜雨"，这时登月舱内的二氧化碳警告灯开始闪烁，舱内的二氧化碳浓度已经上升到了危险的程度。这时大家才猛然惊觉：他们一直在担心氧气的存量，却忽视了登月舱的二氧化碳过滤器仅允许两位航天员在里面待 45 个小时，而此时 3 位航天员在里面已经待了超过 45 个小时，过滤器已经无法继续吸收过量的二氧化碳了！

其实指令舱里还有足够多的二氧化碳过滤器滤芯，然而那些过滤器滤芯是方形的，无法放进登月舱圆形的过滤器内！

克兰兹在航天中心得知这个问题后，立刻找来几位工程师，要他们在最短的时间内提出解决问题的方法。几位工程师根据补给部门提供的宇宙飞船内物品清单，选用了航天服空调器接管、塑料袋、手册封面的硬纸板和胶带等材料，很快就做出一个临时的转接器，将方形的二氧化碳过滤器滤芯接到登月舱的圆形过滤器上。

接着，斯威格特和海斯根据航天中心传来的转接器制作程序，花了一个多小时将方形的过滤器滤芯接到圆形的过滤器上。接上之后仅过了 30 多分钟，登月舱内的二氧化碳浓度就下降到了安全的程度。

尿液竟然影响航道？

正常情况下，登月舱在把完成登月任务的航天员送回月球轨道上的指令舱之后，就会被抛弃，仅剩下指令舱和服务舱朝着地球返航。然而当时的情况是，阿波罗 13 号必须打破一切常规，登月舱不但不能被抛弃，还得充当主角带着航天员奔向三四十万千米之外的地球。然而登月舱终究不是为了长途星际航行而设计的，飞了两天多之后，航天中心发现登月舱已经偏离预定航线，必须做一次航线修正，才能落在太平洋中的预定地点。于是航天中心要求航天员通过目视的方法再做一次修正，希望可以让飞船回归到正常的返航路线。

这次，航天员需要让飞船对准地球日夜的分界线，将火箭启动 15 秒后再关掉。这一连串程序看似简单，但执行起来绝不容易，稍有闪失就会回不了家。洛弗尔请斯威格特看着手表读秒，自己负责控制飞船的仰俯及火箭的启动与关闭，海斯则负责控制飞船的方向。3位航天员从未如此操作过，在火箭点燃的一刹那，飞船虽然有些抖动，但他们还是将飞船控制得相当稳。火箭关掉几分钟后，航天中心告诉他们，他们已经回到预定航线了。

为了确保宇宙飞船不会受到任何外力影响而偏离预定航线，航天中心要求3位航天员不能将尿液排到舱外，以免飞船被喷出的尿液所产生的反作用力推离航线。

原来在正常状况下，尿液是通过压力从宇宙飞船内被排到舱外的，可是这股向外喷的力量会产生一股反作用力，就像火箭一样，将飞船朝反方向推动。这就是牛顿第三定律，每一股力量都会产生一股等量的反作用力。

这个禁止排尿的要求，让3位航天员着实忙了一阵，大家分别去找可以用来存尿的容器。最终，海斯找到了两个大塑料袋，这才解决了问题。

这时飞船距地球还有290000千米，预计38个小时后抵达地球大气层。这时，航天中心的几位工程师正忙得焦头烂额，因为他们必须要在这30多个小时的时间内，将两天前事件刚发生后就开始准备的"修正返航程序"加以定案。确切的做法是将一切在返航时必须注意、必须执行的事都记录下来，先由预备组的航天员在地面模拟舱内予以验证，证明确实可行后，再写成程序。

等到 3 位航天员回到指令舱时，再由地面人员口述，让航天员按照口述的程序执行返回地球的步骤。

这种事在正常的情况下，可能要花费 3 个多月或更长的时间，但此时阿波罗 13 号正以约 1.3 千米 / 秒的速度冲向地球，他们根本没有充足的时间！

电加水等于?

飞船抵达大气层前 6 个小时，指令舱内的 3 个蓄电池都已充满电，于是 3 位航天员开始做返回指令舱的准备。斯威格特是第一位回到指令舱的航天员，但眼前的景象却让他瞬间傻眼：仪表板、舱壁和舷窗上都是水珠。这是空气中的水分在冰冷的物体上凝结出来的水珠。他怀疑仪表板的内部，甚至舱壁内也是相同的状况，这使他非常担心在启动电力系统时会不会发生电线短路的现象。

这时，在航天中心，那位在最后关头被怀疑可能会患上风疹而被换下的航天员马丁利已回到控制室。他将那份临时完成的"修正返航程序"拿在手里，开始与斯威格特通话，告诉斯威格特如何将已经停摆超过3天的指令舱重新启动。斯威格特有着两年多的指令舱训练经验，在正常情况下几乎可以闭着眼睛操纵指令舱。但是发生事故后，原来的启动程序已不再适用，他必须仔细听着马丁利的指示，并重复一遍，确定无误后再执行。

斯威格特每按下一个按钮，都担心会有火花从仪表板后面迸出。幸好，他所担心的电线短路现象并没有发生，因为在阿波罗1号的惨剧发生之后，所有的电线接头都已被重新设计过。

在重启指令舱的过程中，斯威格特突然想到一个大家都忽略了的问题：在原本的计划中，他们要在月球表面采取约54千克的月球土壤和岩石，并放在指令舱中带回地球。在当前的状况下，指令舱少了那54千克的重量，这一定会影响指令舱进入大气层时的角度和速度。因此，3位航天员又急着将登月舱里的一些物品搬到指令舱中，让指令舱的重量尽量符合原先计划的重量标准。

肉眼可见的灾情

进入大气层前 4 个小时，航天中心命令阿波罗 13 号将服务舱抛弃。当服务舱从指令舱的后面分离时，航天员们第一次看到了服务舱受创的惨状：有一整片舱板被炸开，破裂的二号氧气罐清晰可见。海斯特别注意到，位于服务舱底端的火箭部位，也很明显地受到爆炸的影响而损坏，这证明了先前克兰兹不使用那枚火箭的决定是正确的。

又过了 3 个小时，指令舱与登月舱的组合体已接近大气层，是时候将登月舱抛弃了。海斯是最后一位离开登月舱的航天员，他在回到指令舱之前，非常感性地看了一眼这个带着他们渡过难关的"避难舱"，然后将两舱之间的通道舱门关好。

斯威格特按下抛弃登月舱的按钮之后，3 位航天员都感受到一阵轻微的震动。从指令舱的舷窗向外望，他们都心怀不舍地目送着登月舱逐渐飘走。那个原本只是为了登月而设计的航天器，竟拖着指令舱在太空中飞行了大约700000千米[8]，将他们一路拖到大气层进入点。如果不是登月舱，他们不可能在太空中存活下来。

随后，指令舱以精确的角度进入大气层。经过4分多钟高温环境下的无线电静默后[9]，指令舱终于在南太平洋上空展开3个降落伞，在附近等候的航空母舰很快就找到了他们。4天紧张惊险的返航，终于有了完美的结局！

事故直接原因

航天员安全返回地球后，幕后的重头戏才刚要开始。NASA必须将整个事件仔细分析，看看到底是哪个环节出了错误。

就在这时，大家才意识到一件纯属幸运的事：还好飞

---

8. 阿波罗13号以喜剧收场后，登月舱的设计及制作厂商曾开玩笑地根据当时美国汽车故障的拖车价格，送了一张30万美元的账单给指令舱制造商，作为登月舱一路将指令舱拖到大气层进入点的代价。
9. 太空舱进入大气层时，在与空气高速摩擦的情况下，会在周围形成高温电离层，使无线电通信中断。

行监控员赖伯卡是在去程的时候要求斯威格特将服务舱氧气罐中的搅拌器打开。如果是在回程中才将服务舱的氧气罐搅拌器打开的话，那么那时登月舱已经被抛弃了，服务舱爆炸后航天员就没有避难所了。这样3位航天员将必死无疑！

经过NASA的仔细调查发现，事故的起源是二号氧气罐里的恒温开关。那个开关在1962年设计时的规格是用28伏的直流电来控制的，但是他们在1965年时的一次规格更改中，将那个线路的电压改成了65伏。然而，氧气罐的设计者虽然将工程图更改了，但却没有将这个更改落实到已经完成的氧气罐上。因此这个在1964年就已完工的氧气罐，仍使用着28伏的恒温开关。

28伏的开关在65伏的电压下，虽然可以暂时运作，但同时也会产生高温。因此这个氧气罐虽然通过了航天中心的测试，但开关后面电线接头上的聚四氟乙烯绝缘体却在测试中因高温而失效。当斯威格特在太空中按下氧气罐的搅拌器开关时，同一个电路上的恒温开关也被通上电，而当65伏的电压再次接到开关上时，聚四氟乙烯绝缘体瞬间破裂，露出金属电线，导致电线短路，氧气罐内的液态氧在电线短路的状况下随即爆炸。

在知道事件的真相后，NASA 重新设计了氧气罐，以防止同样的意外事件再次发生。9 个月之后的 1971 年 2 月，阿波罗 14 号成功登陆月球。在这之后，NASA 又陆续进行了 3 次登月行动。整个阿波罗计划在 1972 年 12 月于阿波罗 17 号登月后画下句号，美国至今没有再次尝试登月。

虽然阿波罗 13 号的登月任务失败了，但他们在极短的时间内想出对策，将受困于太空中的航天员救了回来。怪不得洛弗尔将此次事件称为"最成功的一次失败"。

第五章

沉默的航天员

联盟一号

美苏之间的太空竞赛，从 1957 年 10 月苏联发射第一颗人造卫星开始，到 1969 年 7 月美国航天员阿姆斯特朗登陆月球结束。苏联虽然输掉了这场长达 12 年的竞赛，但是他们并未就此放弃太空探索。相反地，他们认为太空将是一个需要重点开拓的疆域，因此在 1969 年初，美国尚未登陆月球之际，苏联就将探索太空的重点从登陆月球转移到建立一个可以长期在轨道中运转，作为太空基地的空间站。

　　苏联第一个空间站的设计及制造过程可以说是神速。短短一年时间就将科学家们脑海中的构想变成了设计蓝图，再过了一年，礼炮 1 号（Salyut 1）空间站就出厂了。相比之下，美国的第一艘宇宙飞船从构想到出厂，花了整整 12 年的时间！

　　礼炮 1 号空间站是人类探索太空史上的第一个空间站，全长约 15.8 米，最粗部分的直径约为 4.15 米，由对接舱、轨道舱和服务舱等 3 个部分组成。对接舱的主要作用就是与宇宙飞船在太空中对接，航天员可以经由对接舱在空间站与宇宙飞船之间自由往来。轨道舱是航天员工作与休息的场所，其内部的空间约与一辆大巴车相似，可以让三四位航天员同时进驻。服务舱则是整个空间站的"心脏"，所有电力、通信、操纵和动力系统都在这里。

苏联本来计划在 1971 年 4 月 12 日，也就是人类第一位航天员加加林进入太空 10 周年的日子，将礼炮 1 号空间站送入太空。但是由于一连串的技术问题，发射日期不断延后，一直等到 4 月 19 日，这个重达 18000 千克的庞然大物才从拜科努尔航天发射场升空，顺利进入距离地面约 200 千米的近地轨道。

长期殖民太空

礼炮 1 号空间站在轨道中稳定运行之后，苏联航空管理局迫不及待地想将联盟 10 号宇宙飞船尽快升空，因为只有这样才能真正在太空中测试宇宙飞船与空间站的对接系统。航天员进入空间站后，将会在空间站中停留一个月。等航天员将所有的系统测试一遍后，再搭乘宇宙飞船返回地球。

礼炮 1 号空间站升空后 3 天，联盟 10 号宇宙飞船于 4

月 22 日进入太空，执行任务的 3 位航天员分别是指令长沙塔洛夫、航天飞行工程师叶利谢耶夫和系统工程师鲁卡维什尼科夫。三人中除了系统工程师鲁卡维什尼科夫是第一次进入太空之外，其余两位航天员都有两次进入太空的经验。

联盟 10 号宇宙飞船进入太空之后，在导航系统的设置下自动向礼炮 1 号空间站缓缓接近，但当飞船距离空间站还有 180 米时，导航系统发生了故障，无法继续判断两者之间的角度和距离。指令长沙塔洛夫必须通过目视的方法，手动控制飞船缓缓驶向空间站。

沙塔洛夫顺利地将飞船驾驶到空间站的旁边，并将宇宙飞船对接舱顶端的探索棒，缓缓伸进空间站的对接口，只要等对接处的电力及其他系统接头接好，航天员就可以将对接舱的舱门打开，进入空间站。

然而就在这时，飞船的控制系统发生故障，误认为飞船并没有对准空间站的对接口，因此自动启动了控制方向的微型火箭，导致飞船开始向一旁偏去。在这种情况下，对接舱舱口的电力系统就不能与其他系统接头顺利地接上了。

沙塔洛夫试图关闭控制系统的计算机，但这些接头接好后需要计算机认证，若现在关掉计算机，就无法确定各个系统的接头是否已接好。于是，他把问题汇报给航空管理局，但航空管理局也无法解决，只好决定放弃这次与空间站对接的尝试，让他们返回地面。

拔不出来

然而，就在沙塔洛夫准备把飞船对接舱上的探索棒收回，操纵飞船后退时，却发现探索棒卡在里面，无法收回了！

沙塔洛夫试了许多方法都无法将探索棒收回。宇宙飞船与空间站就这样被卡住的探索棒连接着，一起在太空轨道上继续运转。航空管理局急忙将当初设计宇宙飞船的工程师们都找来，商讨解决之道。

地面指挥中心的工程师们正忙着讨论时，飞船上的3位航天员并没有太担心，因为他们知道就算没有办法收回探索棒，他们也不会被困在太空。只要将宇宙飞船的对接舱与指令舱分开，让对接舱继续和空间站连接在一起，他们就可以搭乘指令舱返回地球。可是这么一来，空间站就无法再与其他宇宙飞船对接，整个空间站从此如同废掉一般。因此，谁也不愿意做这样的决定。

在飞船与空间站一起绕地球飞行 4 圈之后，有位工程师建议沙塔洛夫：干脆将对接系统的探索棒断电器拉开，这样就切断了探索棒的电源。他认为，探索棒在这种情况下就会重置回缩，恢复到原有的状态。神奇的是，当沙塔洛夫切断探索棒的电源之后，那个卡了许久的探索棒果真就往回缩了。飞船这下终于自由了，与空间站成功分开。

臭到昏过去

联盟 10 号宇宙飞船恢复自由后，在轨道上又运行了半圈，在进入大气层之前先将反向火箭启动，再将对接舱及动力模块抛弃，让宇宙飞船减速并开始离开轨道，向下进入大气层。

宇宙飞船进入大气层之后，与空气高速摩擦会产生高温，这种高温将宇宙飞船烧得通红。航天员从指令舱的舷窗向外望，可以清晰地看见一片橘红色的火光。这时，在舱外高温的影响下，舱内不知是什么东西开始散发出一股难闻的气味，这股气味甚至将系统工程师鲁卡维什尼科夫熏昏了过去！幸好飞船在 4 分钟内就穿过了那层障碍，外界的高温逐渐散去，舱内那股难闻的气味消失了，鲁卡维什尼科夫也在飞船触地之前恢复了意识。

清晨 6 点，联盟 10 号宇宙飞船降落在哈萨克斯坦的卡拉干达市东北方 120 千米处，接应人员很快就赶到了现场。

下次任务准备妥当

面对联盟 10 号宇宙飞船在这次航行中所发生的诸多问题，工程师们仔细地检查了各项系统，并将自动导航系统和控制系统的计算机更新，希望同样的问题不要在下次任务中再次发生。而对接舱在飞船返回地球之前就被抛弃了，工程师无法找出探索棒收不回来的原因，于是工程师就将整个系统重新设计，并反复在模拟舱内进行与空间站的对接测试，确保不会再有类似的状况发生。

工程师们在解决了联盟 10 号宇宙飞船在执行任务的过程中所遇到的问题后，向航空管理局报告，飞船上有问题的系统都已更新，联盟 11 号宇宙飞船已准备妥当。

　　早在联盟 10 号升空的时候，联盟 11 号的正选与候补组员就已准备妥当。在联盟 10 号任务失败，无功而返之后，联盟 11 号的组员们将联盟 10 号所遇到的问题，反复在模拟舱中练习，确保万一在太空中再次遭遇同样的情况，可以很快地加以解决，并完成联盟 10 号未能完成的任务。

命运的变换

　　计划发射前 4 天，在一次例行体检中，医生从联盟 11 号正选航天飞行工程师库巴索夫的胸部 X 光片上发现，他可能有肺结核的迹象。库巴索夫知道之后觉得莫名其妙，因为就在前一个月的体检中都没有这个问题，怎么可能在短短一个月之内就产生肺结核的现象？当下他请求复查，但因为发射日期就在 4 天之后，航空管理局觉得时间太过仓促，因此在批准他可以复查的同时，为了确保联盟 11 号的发射能按计划进行，就调动 3 位候补组员接替正选组员的任务，而 3 位原先的正选组员则全部被换下。

候补组员的指令长是多勃罗沃利斯基，这是他的第一次太空任务。航天飞行工程师是沃尔科夫，他曾随着联盟 7 号宇宙飞船进入太空，这是他的第二次太空任务。系统工程师是帕萨耶夫，这也是他的第一次太空之旅。

虽然原先的 3 位组员都被换下，但在最后的 4 天当中，原先的指令长列昂诺夫（世界上第一位执行太空漫步的航天员），还是花了许多时间将他在训练过程中体会到的心得，分享给即将升空的 3 位航天员。只是谁也没料到，列

联盟 11 号的 3 位航天员：指令长多勃罗沃利斯基、航天飞行工程师沃尔科夫、系统工程师帕萨耶夫（从左至右）。

昂诺夫提醒候补组员的一件事，竟是日后造成悲剧的主要原因。

列昂诺夫告诉他们，在返回地球之前将对接舱抛弃时，他们一定要亲自检查对接舱与指令舱之间的几个活门是否真的关好了，不要相信自动系统的显示，因为他在模拟舱内就曾发现活门未关好的先例。

宇宙飞船与空间站顺利合体

1971 年 6 月 6 日，正当 NASA 在为阿波罗 15 号登月任务做准备时，苏联航空管理局在这天上午 10 点于拜科努尔航天发射场将联盟 11 号宇宙飞船发射升空。

发射过程相当顺利，10 分钟后飞船进入近地轨道。那时，礼炮 1 号空间站在飞船较上方的轨道，两者相距约 7 千米。从飞船的舷窗向外望，航天员可以看到他们前上方的一个小光点，那就是他们要前去交会的空间站。

飞船在自动导航系统的控制下向空间站缓缓靠近。24 分钟之后，之前看上去还是一个小光点的空间站已经可以通过肉眼辨识出外形了。指令长多勃罗沃利斯基将宇宙飞船从自动控制转为手动控制，那时飞船与空间站之间的距离约为 100 米。

在太空中要缩短 100 米的距离差，并不是一件简单的事[1]。多勃罗沃利斯基将两者之间的相对速度调整到每秒钟 20 厘米，控制飞船缓缓地靠近空间站。换句话说，在这个轨道上，飞船和空间站的速度都是约 28100 千米／时，但飞船会比空间站每秒快 20 厘米。

当飞船与空间站接近到触手可及的距离时，飞船对接舱的探索棒在航天飞行工程师沃尔科夫的控制下伸进空间站的对接口。上一次联盟 10 号宇宙飞船的对接尝试，就在此时遇到困难。因此，多勃罗沃利斯基几乎屏住了呼吸，非常细心地控制着飞船向前缓缓行进。

几秒后，先感觉到轻轻的一声"扑通"，飞船仪表板上的一个绿灯随即亮起，表示两个航天器的对接舱舱口已正式接触。航天飞行工程师沃尔科夫随即检查接触面的水

---

1. 请参阅本书第一章，关于宇宙飞船在太空中飞行时后者必须减速才能追上前者的相关说明。

平和垂直压力，当他看到两组压力值都在正常范围内之后，便将系统结合的按钮按下，使电力系统及其他系统的接头接上。至此，两个不同的航天器成为一体。

从多勃罗沃利斯基接手控制飞船，到与空间站完全结合，那100余米的距离竟花费了3小时19分钟的时间，而从地面到近地轨道仅用了30多分钟。

系统工程师帕萨耶夫根据检查程序表，将飞船和空间站的所有数据都检查了一遍，他必须确定所有数据都在正常范围之内，尤其是两者内部的空气压力一定要相等，接着才可以将两个对接舱之间的活门打开。

又是一股焦味传出

帕萨耶夫在检查完毕之后，向指令长多勃罗沃利斯基报告：所有数据正常。于是，多勃罗沃利斯基指示帕萨耶夫将活门打开。几乎就在活门开启的瞬间，帕萨耶夫闻到一股烧焦的烟味从空间站内传出。他探头往空间站的对接舱望去，发现一切与他在模拟舱内所看到的景象一样，而且也没有任何被烧过的痕迹。于是他先进入空间站，将对接舱、轨道舱和服务舱全都检查了一遍，确定没有问题后，再让另外两位组员进入空间站。

航天飞行工程师沃尔科夫在进入空间站之后，先将空间站内的空气滤清器滤网更换，再将空气循环机打开，希望能清除舱内那股难闻的味道。做完这些后，他向多勃罗沃利斯基建议，他们暂时回到飞船内待一天，等第二天异味消失后再进驻到空间站。多勃罗沃利斯基接受了他的建议，并将此事汇报给航空管理局。

第二天，空间站内的空气已经完全清新，那股烧焦的烟味也消失了。于是，多勃罗沃利斯基下令，组员可以将所带来的实验器材、食物和个人用品从飞船搬到空间站。按照计划，他们将在空间站内居住 24 天，于 6 月 30 日返回地球。

离开飞船之前，航天飞行工程师沃尔科夫将宇宙飞船设定成"休眠"模式，关闭了一切不必要的系统，仅让宇宙飞船维持在最基本运作的状态。

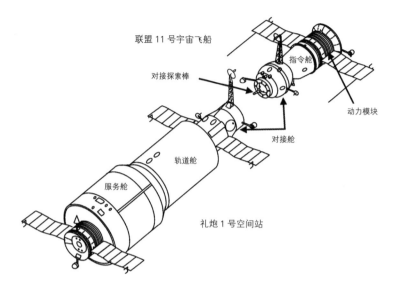

联盟 11 号宇宙飞船

对接探索棒

指令舱

动力模块

对接舱

轨道舱

服务舱

礼炮 1 号空间站

礼炮 1 号空间站与联盟 11 号宇宙飞船。

积极开展一系列实验

帕萨耶夫将空间站的太阳能帆板调整到正对太阳的位置，只有这样太阳能帆板才能产生足够的电力来维持空间站的运作。随着电力的增加，指令长多勃罗沃利斯基将空间站内的系统陆续启动。两个多小时之后，所有的系统全都开始运作，整个空间站"活"了起来！

根据苏联航空管理局给联盟 11 号宇宙飞船所设置的任

务列表，航天员们每天都有很多实验要做。而在太空中，"天"的概念也与地面完全不同：地面上的一天有着明显的昼夜之分，但太空中的一天只能通过时钟来计算，因为那里的白昼与黑夜每90分钟就更替一次。航天员必须完全依照格林尼治标准时间进行作息，而为了每时每刻都有人在值班，航空管理局安排了3位航天员轮流休息的时间表，任何时候都至少有一人在工作。

太空的环境是失重的，若航天员不能维持适当的运动量，肌肉就会萎缩。为了防止航天员的肌肉萎缩，航空管理局为空间站配备了一台走路机，并要求每位航天员都要定时使用。然而，帕萨耶夫第一次使用这台走路机时，整个空间站竟然都跟着猛烈震动。在这种情况下，这个设定好的运动就很难继续进行了，航天员只能想其他办法来运动。

礼炮1号空间站上面有一台太空望远镜，这是苏联航空管理局特别为空间站装设的微型天文望远镜，由亚美尼亚的天文学家古札甸设计。这也是第一台能在太空观测银河系的望远镜。苏联航空管理局对它抱有相当高的期望，希望能用它拍摄一些清晰的银河系照片，供天文学家参考研究。帕萨耶夫还特别接受了一项速成训练，学习如何操作这台望远镜，这使他成为第一位在太空中操作天文望远镜的人，而他也不负众望地拍摄了许多珍贵的照片。

除了用太空望远镜观测银河系之外，航天员在空间站中还做了许多包括生物、物理和地球观测的实验。航空管理局似乎是担心航天员在太空中太无聊，还时常给他们指派新的实验或其他工作任务。

又是烧焦味，这次还有烟

1971年6月16日下午1点，3位航天员同时闻到一股类似橡皮烧焦的味道，这与他们在第一天进入空间站时所闻到的味道一样。更糟的是，除了烧焦的味道，他们发现空间站中竟然有烟！这是极其严重的问题。指令长多勃罗沃利斯基为了安全起见，立刻下令让大家撤回到联盟11号宇宙飞船里。

一个多小时后，由遥测系统得知空间站内部并未起火燃烧，于是多勃罗沃利斯基与沃尔科夫再次回到空间站，像上次一样更换空气滤清器的滤网，再将空气循环机打开，过滤空间站内部的空气。几个小时后，空间站内才恢复正常。

接连两次在空间站内发生相同的状况，这使地面工作人员和空间站中的3位航天员都怀疑某个系统出现了状况，但是从仪表板上以及通过目视检查，都无法找出产生那股烧焦味道的原因。这时若让3位航天员继续回到空间站内生活，实在太危险了，于是航空管理局开始考虑是否让他们结束此次任务，返回地球。

不过，几天之后苏联将要发射另一枚火箭，而在太空中观察该枚火箭升空则是联盟11号此次任务中相当重要的一个项目，因此航空管理局最后决定让他们继续留在空间站内。同时强调，当他们返回空间站的时候，务必先将所有的系统关闭，然后再逐一启动，每启动一个系统都必须留意电流的大小，通过这种方法找出究竟是哪一个系统存在电流过大而导致电线过热的问题。

航天员花了将近6个小时的时间才将空间站上所有的

系统依序重启，但在此过程中仍然没有发现任何异常状况。航空管理局的两位电器专家也在地面上花了许多时间，试图找出电力系统上任何可能存在的问题，但也徒劳无功。找不到问题才是航空管理局最担心的事，这就像一颗定时炸弹，因此绝对要保持高度警惕。

虽然空间站遇到这样的麻烦，但3位航天员每天还是准时直播。他们的直播已成为苏联人每天必看的节目，这在满足了民众对太空的好奇心的同时，也告诉世人他们已在太空中建立了一个基地，可以让航天员长期地在太空中生活。

打包回家

联盟11号的所有预定试验在6月26日全部完成。在剩下的几天时间里，航天员开始做返回地球的准备，这包括将所有的实验成果，以及在太空中所拍摄的几百卷底片，全部打包好并放回飞船中。另外，就是将空间站设定成"休眠"模式，等待下一批航天员进驻。

3 位航天员于 6 月 28 日离开空间站回到飞船中。当他们在各自的座椅上坐好之后，仪表板上的一个红色警告灯引起了沃尔科夫的注意，他发现那是对接舱活门的警告灯。

"活门未关好？这是怎么回事？"他焦急地问道。

"不要紧张，先将活门上的转轮向左转，把活门打开，再重新关上，然后将转轮向右转 6 圈。"地面上的工作人员按照操作手册，告诉航天员关上活门的流程。但是沃尔科夫在照着试了几次后，仍然无法让那个警告灯熄灭。

沃尔科夫在进行最后一次尝试时，将转轮向右转了 6 圈后，再用力多转了半圈，警告灯这才熄灭。沃尔科夫笑着说："我还以为在太空是无需使用蛮力的。"其余的两位航天员听了之后也都笑了。

为了让航空管理局能看到空间站内的情况，沃尔科夫操纵飞船后退，在与空间站分离后，先围着空间站绕了一圈，并让帕萨耶夫为空间站拍摄了一些照片。在这之后，联盟 11 号宇宙飞船才真正地踏上返回地球的路程。

地面上的工作人员将着陆点的天气状况报告给 3 位航天员，并请他们在进入大气层且打开降落伞后，通过所有的通信频道报告状况。最后还提醒他们，在飞船着陆后，不要自行将飞船的舱门打开，必须等接应人员到达后，从外面将舱门打开，因为航天员在失重的太空环境中生活了20多天之后，航空管理局无法确定他们的身体状况是否适合自行活动。

我们在地球见

联盟 11 号宇宙飞船与礼炮 1 号空间站分开之后，在轨道中又运行了 3 圈，然后在 6 月 29 日午夜 1 点 35 分，指令长多勃罗沃利斯基向航空管理局报告，他即将启动减速火箭。这是开始返回地球的第一步。

"好的，再会，我们在地球见。"航空管理局的工作人员很简单地回答。

"是的，我们在地球见，我要开始调整方向了[2]。"多勃罗沃利斯基回复。这是联盟 11 号最后一次与地面的通话。

2.宇宙飞船在进入大气层之前需要调整方向，以背部朝着地面，因为背部能耐高温。

地面的飞行控制中心根据飞船自动传回来的资料，得知飞船在减速火箭点燃 187 秒后开始离开轨道，并向地球下降。12 分钟之后，遥测系统传回来的数据也显示飞船已将对接舱及动力模块抛弃。通常，航天员会向控制中心报告这个情况，但这次控制中心却没有收到任何信息。这时，控制中心还只是认为，航天员或许是因为即将进入大气层而处于紧张的情绪下所以没有通话，因此并没有太在意。

几分钟之后，飞船顺利进入大气层，遥测系统传回的数据显示，指令舱顶端的降落伞也在这时打开，指令舱的下降速度明显开始减缓。地面的工作人员曾很明确地提醒航天员，在降落伞打开之后，应该用所有的通信频道报告状况，但是所有监听通话的单位都没有听到航天员的声音。

沉默的航天员

这时，地面的工作人员终于沉不住气了，他们开始呼叫联盟 11 号宇宙飞船，但除了无线电设备中因静电引起的声音外，他们没有听到其他任何声音。大家心中顿时有了一种不祥的预感，觉得一定是出了意外，但又不知道具体发生了什么事情。

1 点 54 分，预定着陆点附近的雷达发现了飞船的踪影，它仍在预定的返航路线上。这时航空管理局认为，很可能是因为宇宙飞船的通信设备故障，所以才无法听到声音。

一架在着陆点空中待命的直升机于 2 点 5 分看到了在降落伞下的联盟 11 号宇宙飞船。于是，它就跟随着降落伞飞行并指挥地面的接应队伍前往着陆点。

飞船于 2 点 18 分在哈萨克斯坦中部的杰兹卡兹甘以东 200 千米处着陆，直升机随即落在它的旁边。

地面接应人员赶到飞船旁边，敲了几下舱门，但是里面没有任何回应。从舷窗往里面看去，那 3 位航天员仍坐在各自的位置上。这时，接应人员还认为，航天员们是因为在失重环境下待了太久，所以回到地球时，连举手的力气都没有了。

接应人员很快将飞船的舱门从外部打开。当他们探头往里面看时，却看到令人惊恐的一幕：3位航天员静静地坐在那里，但已没有任何生命迹象。

"他们都死了！"第一个看到这个惨状的接应人员发出了悲戚的喊声。

其他人一拥而上，在见到3位航天员的状况时也都吓坏了，但他们很快将3位航天员抬出飞船。这时，他们发现指令长多勃罗沃利斯基的身体还有微温，于是赶快替他做心肺复苏，然而却无法将他抢救回来。

经过医生检查后发现，3位航天员都死于"缺氧"。医生认为，飞船在返回地球的途中，一定有某个地方突然漏气，导致内部的压强减小，3位航天员顿时没有氧气供应，于是在很短的时间内死亡。

这实在是个相当离谱的意外，刚取得光辉成就不久的礼炮1号空间站，却发生如此悲惨的意外。虽然苏联当时非常低调地处理这件事，但全世界都为这个意外事件感到震惊。

三人是在极度痛苦中丧生的

　　因为苏联没有立即公布 3 位航天员的死因，所以很多人就开始揣测。NASA 的载人航天办公室生命科学部门副主任琼斯医生公开表示，这个悲剧应该是宇宙飞船急速泄

苏联为联盟 11 号的 3 位航天员举行葬礼。

压导致的。他认为，如果宇宙飞船与外界之间的一个活门意外开启，或是飞船的外壳破裂，都可能造成急速泄压。在这种情况下，航天员将无任何反应的时间。

其实，琼斯医生的判断非常正确。在此次事件发生两年之后，苏联航空管理局终于将惨剧发生的原因公诸于世。原来，联盟 11 号宇宙飞船在进入地球大气层之前，即将对接舱及动力模块抛弃时，指令舱与动力模块之间的两个爆炸螺栓应该要先后爆炸，以便将两个舱分开。没想到它们却同时爆炸了，爆炸将指令舱与对接舱之间一个原本没关紧的活门震开了。

按照设计，被震开的那个活门应该要在 1220 米的高度自动打开，将飞船内部的空气与外界相通，平衡压力。但是当活门在 51200 多米的高度开启时，飞船内部的空气在极短的时间内就漏光了，这让飞船内部顿时变成了真空状态，3 位航天员因此很快失去了生命。

得知导致悲剧发生的原因之后，立刻有许多人指出这完全是个可以预防的意外：只要 3 位航天员当时都穿着航天服，他们绝对不会窒息而死。而更让人感到惋惜的是，苏联的航天员在过去 8 年中曾不断向上级建议，让他们在升空和返回地球时穿着航天服。然而，主管苏联太空计划的米申，却以"穿着航天服会占用太多空间"为理由否决了这个建议，他甚至对航天员说："我不会让懦夫进入我的太空舱！"

为避免联盟 11 号宇宙飞船的意外重演，苏联航空管理局决定在之后的航天任务中，让航天员在升空与重返地球的过程中穿着航天服。这样就必须重新设计宇宙飞船。在设计宇宙飞船的过程中，为了让礼炮 1 号空间站持续留在太空而不至于掉下来，苏联航空管理局于当年 7 月将礼炮 1 号空间站送到较高层的地球轨道，以免它因轨道衰减而坠毁[3]。

然而，重新设计宇宙飞船需要很长的时间，礼炮 1 号空间站终究没能等到联盟 12 号宇宙飞船升空。为避免空间站在坠入地球时落在人口密集的地方，苏联航空管理局在它的燃料用尽之前，于 10 月 11 日启动减速火箭，让它在

3.轨道衰减的意思是，在轨道中运行的物体最终会因为地球引力的影响而降到低层轨道。

进入大气层后坠入太平洋。人类的第一个空间站，就这样结束了它短短 175 天的任务。

联盟号宇宙飞船经过重新设计和改进后，到今天依旧承担着往返国际空间站的重任，尤其当美国的宇宙飞船退役之后，联盟号宇宙飞船成了当时世界上唯一可以往返空间站的交通工具。它的低廉成本和可靠性，让它在服役 50 年后仍然活跃在航天舞台上。

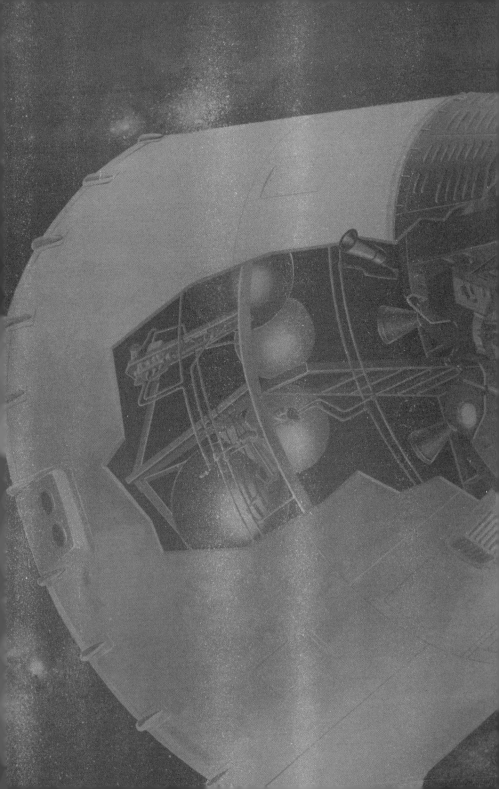

第六章

失事的航天飞机上有我认识的人！

挑战者号

……我在失事后不久到卡纳维拉尔角出差，曾看到从海中捞起来的残骸碎片，不自觉地想到航天飞机爆炸后，那7位罹难者……坠向大海。而在失事前不久，我才刚认识7位航天员中的雷斯尼克，她是一位聪明干练的工程师，擅长找出问题症结，并用简单的方法将复杂的工程问题解释得清清楚楚……

2017年2月3日，国际空间站上的一位美国航天员金布罗，在"推特"网站上上传了一张一个足球飘浮在空间站窗口前的照片，并注明："此球属于鬼冢承次的爱女，她是一位足球选手。鬼冢承次带着它在不幸的那天登上挑战者号航天飞机。"

照片发表之后，立刻受到许多人的关注。原来，鬼冢承次的大女儿是得克萨斯州休斯敦明湖中学足球校队的队员。在鬼冢承次乘挑战者号航天飞机执行最后一次任务之前，他的大女儿曾央求他带着这个有所有足球校队队员签名的足球进入太空。没想到挑战者号航天飞机就在1986年1月28日升空那天失事，所有组员罹难。而这个足球竟奇迹般地躲过了这场灾难，随着残骸下坠，被搜救人员从大西洋上捞起，然后被送回明湖中学[1]。

　　30年之后，金布罗的儿子正巧也成为明湖中学的学生。金布罗有次去儿子的学校，在学校的展示室里看到那个足球。在知道了它的故事之后，金布罗就向学校表示他即将前往国际空间站进行为期173天的太空任务，并愿意将那个足球带到国际空间站，为鬼冢承次完成他最后的心愿。于是，那个足球在从大西洋中被捞起来的整整30年之后，

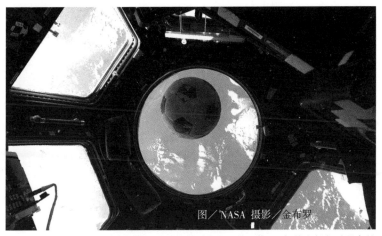

图／NASA 摄影／金布罗

美国航天员金布罗于2017年将这个足球带上太空，替一位30年前出任务时殒命的航天员前辈完成了心愿。

1.明湖中学距离休斯敦的约翰逊航天中心非常近，许多学生的父母都是航天工作者。

于 2016 年 10 月 19 日搭乘俄罗斯的联盟 MS-02 号（Soyuz MS-02）宇宙飞船进入太空。这次的升空过程非常顺利，也没有引起太多媒体的报道。

时光倒流 30 年

相较于这次的升空，30 年前的那次发射，不但在事前吸引了不少人的关注，发射时的灾难更成了震惊全球的头版新闻。那次，NASA 为了宣传航天飞机的安全与便利，安排了一位女老师搭乘航天飞机升空，计划让她在太空中为全国学生授课，希望借此引起学生们对太空的兴趣，使他们在进入大学之后研读理工科专业。

然而，当年被那些学生们牢记在心中的，却是电视屏幕上航天飞机爆炸的影像。事发几十年后的今天，当我要写挑战者号航天飞机失事的原因时，心情依然沉重，因为我在失事后不久到佛罗里达州的卡纳维拉尔角出差时，曾远远地看到从海中捞起的残骸碎片。望着那些碎片，我不自觉地想到在航天飞机爆炸后，那 7 位罹难者是在多么惊恐的心情下，随着航天飞机的座舱坠向大海的。

而想到那 7 位航天员，我更感到痛心，因为在失事前不久，我才刚认识其中的雷斯尼克，她是一位聪明干练的工程师，可以在极短的时间内将一个问题的症结找出，更能以很简单的方法将复杂的工程问题解释清楚。我为航天员们的牺牲感到非常惋惜。

在挑战者号航天飞机失事后，我心中有着与一般大众相同的疑问：航天飞机真如 NASA 所说的那么安全吗？

方便好用的太空交通工具

其实，NASA 在 1969 年 7 月登陆月球之前，就已经有了建造航天飞机的构想，因为他们觉得，日后进军太空的机会只会越来越多。然而每次发射一颗人造卫星，或是送人进入太空，都必须使用一枚所费不赀的火箭。火箭不但造价昂贵，还不能随要随有，制造过程旷日累时。如果有一种可以像飞机一样，能自由往返、穿梭于太空中的航天飞机，它可以带着人造卫星进入低轨道[2]，将卫星在太空轨道中施放，也可以将有故障的卫星从太空轨道中收回，带回地球进行维修。这样不但可以随时往返太空，还可以大幅降低开销。

NASA 对航天飞机的构想，是一艘具有机翼的宇宙飞船。本身有提供推力的火箭发动机，这个火箭发动机是使用液态氢和液态氧作为推进剂的，推进剂被储存在一个巨大的外贮箱内。这个外贮箱比宇宙飞船本身还要大，就安装在宇宙飞船的机腹下。

航天飞机发射升空时，这个外贮箱的两侧，还各挂有一个可以重复使用的固体火箭助推器[3]。这两个固体火箭助推器中的推进剂虽然仅够持续燃烧两分多钟，但却可以在这短短的时间内，将航天飞机推到约 45 千米的高空。等到推进剂用完后，两个固体火箭助推器随即被抛弃。此时，

2.低轨道没有公认的严格定义。一般高度在2000千米以下的近圆形轨道都可以被称为"低轨道"。
3.固体火箭助推器使用的是固体燃料。航天飞机在发射时，机身底下是巨大的外贮箱，外贮箱的左右各有一个固体火箭助推器。这种火箭助推器一旦点燃启动之后，就无法停止，会一直燃烧到里面所装的固体推进剂完全用罄。至于那个巨大的外贮箱则是一次性使用的，推进剂用罄后被抛弃，不会重复使用。

航天飞机继续以自身的火箭发动机推动，不断爬高，直到航天飞机进入太空轨道前，航天员才将火箭发动机关闭，并将外贮箱抛弃。

这个巨大的外贮箱被抛弃后，会先在太空中飘浮一阵子，接着逐渐在地球引力的影响下重返地球，进入大气层时与空气摩擦产生高温，最后自行烧毁。而先前在大气层内被抛弃的那两个固体火箭助推器，在坠落到 3 千米的高度时，位于火箭助推器顶端的降落伞会自动打开，让火箭助推器减速后落在大西洋中。附近早有船只待命，工作人员随即将两个固体火箭助推器拖回陆地重整并添加推进剂，这样就可以在下一次的任务中使用。

三家厂商拿到合约

1972 年 8 月，NASA 与洛克威尔公司根据以上构想，签下了一架航天飞机测试机与两架实体机的合约。莫顿公司与马丁·玛丽埃塔公司则分别拿到了制作固体火箭助推器和外贮箱的合约。这是 NASA 迈向穿梭太空时代的第一步！

第一架航天飞机——哥伦比亚号，于 1979 年 3 月 8 日在加利福尼亚州洛克威尔公司的帕姆德尔装配厂完工出厂，并在同年 3 月 24 日，驮装在一架波音 747 飞机的上端，飞送到佛罗里达州卡纳维拉尔角的肯尼迪航天中心。NASA 在那里对这架航天飞机进行了为期半年的测试和准备。至于发射进入太空的处女航日期，则定在当年的圣诞节前夕。

第一架航天飞机在 1979 年完成，由一架波音 747 飞机飞送至美国佛罗里达州的肯尼迪航天中心。

然而，真是计划赶不上变化。航天飞机上的 3 个 RS-25 火箭发动机和重返地球时的隔热系统不断出现状况，导致发射日期一再往后延。一直到 1981 年 4 月 12 日，哥伦比亚号航天飞机才在约翰·杨和克里彭两人的操纵下升空，这已是航天飞机抵达肯尼迪航天中心两年后的事了！

　　在航天飞机的第一次任务中，无论是从卡纳维拉尔角发射，还是两天之后在加利福尼亚州爱德华空军基地落地，整个过程都吸引了数百万观众，他们在现场和电视机前见证这具有历史性的一刻。这是继 1970 年阿波罗 13 号的太空意外事件之后，太空行动再次成为头版新闻。

可以出任务了

　　这一次短暂的两天太空之旅，除了航天飞机底部有几块隔热片在发射时脱落之外，其余一切还算正常。NASA 在哥伦比亚号安全落地后宣布，经过例行的飞行检查和维护，这架航天飞机随时可以执行下一次任务。一般民众也都认为，航天飞机真的就像飞机一样，可以任意往返太空。

虽然 NASA 表示航天飞机只要经过例行保养和维修，就可以很快地执行下一次任务，但事实上第一次任务结束后，等了整整 7 个月，航天飞机才于当年 11 月 12 日再次进入太空。

哥伦比亚号航天飞机第二次完成太空之旅返回地球后，马歇尔航天中心[4]的工程师在检查从海上捞回的固体火箭助推器时发现，位于火箭助推器机体交会处为防止高温火焰外泄的 O 形环，出现了被烧过的痕迹。

这意味着，固体推进剂在火箭内部燃烧时，高温的火焰已经触及 O 形环。从另一个角度看，这也表示火箭机体交会处在火箭发射时曾因震动而产生隙缝，而在火箭内部燃烧的高温火焰，经由那些隙缝触及 O 形环。还好那些隙缝很快就闭合，如果把橡胶圈烧穿，高温的火焰外泄，那么绝对会导致灾难性的后果。

马歇尔航天中心主管固体火箭助推器的项目经理马

4.马歇尔航天中心位于亚拉巴马州的亨茨维尔市，是美国政府的民用火箭和航天器推进研究中心，在航天飞机的项目中，该航天中心的责任是监督固体火箭助推器和RS-25火箭发动机的研发与制作。而固体火箭助推器本身是由7个火箭机体所组成的，在每一节火箭机体交会处都装设有O形环，用来防止火箭内部的高温气体和火焰外泄。

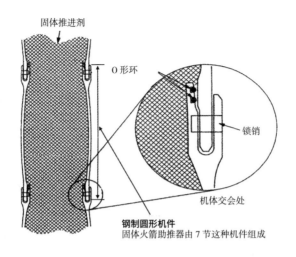

固体推进剂

O 形环

锁销

机体交会处

钢制圆形机件
固体火箭助推器由 7 节这种机件组成

由此图可以看出 O 形环在固体火箭助推器上的位置。

洛伊将他们发现的现象写成报告，通知 NASA，并将这个 O 形环在整个任务中的重要性从 1R 级改成 1 级（即从"Critically 1R" 改成"Critically 1"）——可能导致任务失败或人员伤亡的重大等级[5]。

工程师们提升了 O 形环的重要等级，此举想要表达的意思是：虽然在设计上有第二道 O 形环作为备用的保险措施，但当工程师们看到第一道 O 形环燃烧的状况之后，他们

---

5. "Critically 1"表示如果这个零件损坏失效，将会导致整个任务的失败和人员伤亡。"Critically 1R"中的"R"是代表"Redundant"（备用），表示系统中有第二个备用的功能部件。

认为第二道 O 形环已经无法防止意外的发生。

问题一开始都不是问题

NASA 主管航天飞机项目的官员们并没有很在意这个 O 形环的问题。他们最在乎的是如何让航天飞机维持计划中的出勤时间表。NASA 曾夸下海口：有了航天飞机，施放人造卫星并在太空中进行诸多实验的开销会大幅降低。因此，每一个会计年度都应当尽量使用航天飞机进入太空执行任务，这样才能把每次任务的平均费用降低，从而彰显出它的价值。

1982 年 7 月 4 日，即在美国独立日当天，哥伦比亚号航天飞机完成了第四次的测试飞行，降落在爱德华空军基地的跑道上。里根总统与夫人亲临现场迎接航天员马丁利和哈特斯菲尔德归来。NASA 趁着这个机会宣布：航天飞机的测试过程已经结束，正式进入正常运作阶段。

所谓的正常运作，就是开始执行当初在构想阶段所设想的那些任务。于是在执行下一次的任务时，亦即 1982 年

11 月 11 日，哥伦比亚号航天飞机就在它的货舱内携带了两颗商业卫星升空，并在进入太空后，成功地将那两颗人造卫星送进预定的轨道。

放宽标准，不就达标了吗？

然而，任务成功并不代表航天飞机完美无瑕。在任务结束后进行检查时，工程师们发现固体火箭助推器上的 O 形环，再次出现被燃烧过的痕迹。

更惊人的是，在后续的几次发射中，不但第一道 O 形环有被烧过的痕迹，有几次竟然连第二道 O 形环也被火焰触及。面对这样的状况，NASA 总算有了行动，但是并非下令重新设计这个环节，而是用玩弄文字和法规的方法，将这个工程师们认为会严重影响任务成败的缺点，变成一个可以接受的风险！

NASA 指出，在所有被高温火焰触及的 O 形环中，最严重的一个也只有约 0.1 厘米的烧痕（O 形环的横截面积直径是 0.8 厘米），那是在航天飞机第二次执行任务后被发现的，而那次当然是一次成功的任务。根据上述的数据，NASA 觉得最严重的 O 形环烧伤情况也没有造成任何意外，因此认定 O 形环被高温火焰烧伤是正常的现象。只要火箭内部的高温火焰和气体外泄时，不要将火箭机体交会处的 O 形环烧穿，这就是一个可以接受的风险。NASA 更进一步地用计算机程序算出，只要烧痕在 0.23 厘米以内，都算是"可以接受的烧痕"，并将这个"极限"写进了法规。

这种决定看似合理，但是从系统安全性的观点来看，却是非常草率的，因为一旦火焰触及 O 形环，烧到什么程度是完全无法控制的状况。这对一个重要性被设定为 1 级的系统来说，是极端不负责任的做法。

要的是民意

一些了解 NASA 的人都知道，管理层真正在乎的是太空行动在民众心中的观感比重，因为只有取得民众的支持，代表民意的国会才会继续拨款，让 NASA 能持续地进行太空活动。

为了能赢得更多民众的支持，NASA 在 1983 年 6 月 18 日安排第一位美国女性航天员萨莉·赖德，搭乘挑战者号航天飞机进入太空。一个月之后，又将美国空军上校布鲁福德用挑战者号航天飞机送入太空，使他成为第一位进入太空的美籍非洲裔航天员。然后在 1985 年 1 月 24 日，来自夏威夷的鬼冢承次搭乘发现号航天飞机进入太空，成为第一位进入太空的美籍亚裔航天员[6]。

眼看着航天飞机自由地往返太空，许多社会名流，如电视新闻台主播、好莱坞演员和一些富商，纷纷询问 NASA，有无可能让他们搭乘航天飞机去体验太空生活。他们表示，以自己的知名度与人气，搭乘航天飞机进入太空后，绝对可以刷一波"太空热"。

面对众多关于太空旅游的询问，NASA 将这个问题呈给上级，免得自己得罪那些被拒绝的人。于是，这个问题就在宛如迷宫一般的官僚体系当中，被一层又一层上报，

6.第一位进入太空的女性是苏联的捷列什科娃，她在1963年6月16日搭乘东方6号宇宙飞船进入太空。第一位进入太空的非洲裔航天员是来自古巴的门德斯，于1980年9月18日搭乘苏联的宇宙飞船进入太空。第一位进入太空的亚裔航天员是越南籍的范遵，他在1980年7月23日搭乘苏联的联盟37号宇宙飞船进入太空。

最后落在里根总统的办公桌上。

绝佳公关代言人

里根总统与他的顾问们商量后，于 1984 年 8 月 27 日在白宫公开了"太空教师计划"，为了激起学生对太空与科学的兴趣，美国将首度甄选一位老师随航天飞机进入太空，并在太空中为全国的中小学生讲授太空知识。

消息一经公布，立刻引起全国老师的热烈回响，有 4 万多名老师报名参加甄选。经过多层严格的筛选之后，副总统布什于 1985 年 7 月 19 日在白宫宣布，来自新罕布什尔州、任教于康科德中学的麦考利芙老师，获选为第一届太空教师。

麦考利芙被选上之后，随即与备选的摩根女士一起前往休斯敦航天中心开始接受进入太空前的训练。根据 NASA 的安排，麦考利芙将在 1986 年 1 月搭乘挑战者号航天飞机升空，该任务的代号是"STS–51–L"。

这个任务的代号也是有典故的。最早的时候，NASA

是按照发射的顺序来设定任务代号的，如第一次太空任务的代号就是"STS–1"（"STS"是航天运输系统"Space Transportation System"的缩写）。这种任务编码方法一直用到第九次任务（STS-9），当时的 NASA 局长贝格斯眼看着马上就要编到"STS–13"号了，又想起差点酿成巨灾的阿波罗 13 号事故。为了避免再度用到"13"这个不吉利的数字，他就设计了一套特别的算法，来摆脱原来的命名代号：用发射年份的最后一位数，加上发射地点和英文字母来代表发射顺序。因此，按照新的编码方式，第十次任务将在 1984 年 2 月从肯尼迪航天中心发射，它的任务代号就是"STS–41–B"[7]（第九次任务是在 1983 年 11 月发射，当时已进入 1984 会计年度，属于该会计年度第一次发射）。

麦考利芙在受训期间，曾被邀请到美国几个著名的脱口秀节目去谈谈她对前往太空的看法。当被问到她心中对这件事是否感到恐惧时，她回答："完全没有！相反地，

7.在这一套新的编码方式里，发射的年度采用的是美国的会计年度，从当年10月1日开始到次年9月30日。而发射地点则是以数字来表示的，例如"1"是代表从佛罗里达州的肯尼迪航天中心发射的，"2"是代表从加利福尼亚州的范登堡空军基地发射的，虽然航天飞机从来没有在那里发射过。挑战者号航天飞机失事之后，这个新的命名方法当然也随之被取消，恢复到原来的方法。

STS – 4 1 – B

发射顺序，"B"代表会计年度第 2 次
发射地点，"1"代表肯尼迪航天中心，"2"代表范登堡空军基地
发射年度的最后一个数字，"4"代表 1984（该会计年度是指 1983 年 10 月 1 日到 1984 年 9 月 30 日）
Space Transportation System（航天运输系统）

航天飞机的发射代号说明。

我认为搭乘航天飞机进入太空，其实要比在纽约过马路还安全。"

她的这番话，正是 NASA 想对外散布的信息！只不过传到"STS–51–L"任务指令长斯科比耳里，却不是那么一回事。他觉得身为任务指令长，他有必要让麦考利芙知道：严格说起来航天飞机仍在测试阶段，每次发射都承担着相当大的风险。于是他找了个机会告诉麦考利芙，一般民航机要经过上百次的飞行测试之后，才能取得适航证。当时，航天飞机一共才飞了 20 余次，虽然每次都安全返航，但是绝对不是如她所认为的"比在纽约过马路还安全"。

外人不会知道麦考利芙到底听进去了没有，但她并没有因此退出这次任务。而当时持有与她同样想法的人绝对不少，因为在她搭乘挑战者号航天飞机升空之前，有家保险公司为了提升知名度，还免费送了一份 100 万美金的人寿保险合约给她！

精英组员上场

这次的任务指令长斯科比原本是空军的试飞员，有 7000 小时的飞行经验，驾驶过 45 种飞机，于 1978 年被甄选成为 NASA 的航天员。他曾在 1984 年 4 月作为挑战者号航天飞机的飞行员进入太空，这次任务是他第二次进入太空。

担任挑战者号航天飞机飞行员的是海军上校史密斯，他之前也是一位试飞员，有 4600 多小时的飞行经验，驾驶过 28 种飞机，于 1980 年加入 NASA 航天员的阵营。这是他的第一次太空飞行。

除了以上两位直接负责操纵航天飞机的航天员，任务组员中有 3 位是任务专家，分别是空军上校鬼冢承次、雷斯尼克博士和麦克奈尔博士。他们是被 NASA 航天员办公室指派到挑战者号航天飞机上的，负责在太空中执行一系列科学测试。当然，这次任务中最引人注目的就是麦考利芙老师，她与另外一位组员杰维斯在这次任务中的身份是

挑战者号航天飞机的组员从左至右，前排为航天飞机飞行员史密斯、任务指令长斯科比、任务专家麦克奈尔，后排为任务专家鬼冢承次、太空教师麦考利芙、载荷专家杰维斯、任务专家雷斯尼克。

载荷专家[8]。

挑战者号航天飞机原本计划在 1986 年 1 月 26 日发射，但当天清晨的天气预报显示，卡纳维拉尔角在航天飞机升空的那段时间会下大雨。虽然大雨不会影响发射，况且 NASA 也有在雨中发射过火箭的纪录，但这次 NASA 知道了大雨预报之后，却决定将发射日期顺延到次日。

7 位航天员并没有因为发射延期而失望，因为当天正是职业橄榄球大联盟的年度冠军赛，大家正好趁着这个机会守在电视机前，观看这场年度大赛。不过，在当晚球赛结束后，有几位航天员开始抱怨，原因是那场预报中的大雨并没有下，而他们所支持的球队也没有赢。

第二天，麦考利芙起床后的第一件事就是询问天气状况，当她知道天气符合发射标准之后，兴奋地大声尖叫，她的梦想即将成真。全体组员经过最后一次的任务提示后，

8.任务专家与载荷专家的不同点是：任务专家是经过甄选后进入NASA，接受训练后成为航天员的。而载荷专家是因为外界的需要而被送进NASA训练的指定人员。例如，此次"STS-51-L"任务中的麦考利芙是政府送进NASA的，而杰维斯是休斯飞机公司的工程师，为了施放一颗由休斯飞机公司制造的军用卫星，而被休斯飞机公司指派进入NASA接受航天员训练，并随行施放和临场测试那颗卫星。

列队走出航天中心大楼，在众多送行者的欢呼声中，搭车前往发射台。

一切都进行得非常顺利，在地勤人员的协助下，所有航天员进入了航天飞机。然而就在即将关闭航天飞机的舱门时，却发生了一个意料之外的状况：舱门的锁无法顺利锁上！在场的工程师立刻决定将锁拆下，换一个备份锁装上。然而，当工程师拿出工具箱里的电动工具时，又发现电池没电，等到另一个电池终于被送到舱门旁边时，已临近发射窗口[9]。因此，NASA 决定再度将发射日期顺延到次日。

最后的晚餐

当晚，所有任务组员和前来相送的家属相聚在航天中心海边的一栋别墅里享用晚餐，有人戏称那是"最后的晚餐"，可是任务指令长斯科比却笑着说，他相信明天此时，

9.发射窗口是指最适合发射火箭或航天飞机的一段时间。如果未能及时发射，则必须等待下一次的发射窗口。

现场所有人依旧会前来这里用餐，因为他查过第二天的天气预报，气温将降至冰点（一个标准大气压下水凝固时的温度）以下的 –1 摄氏度（当地 1 月和 2 月的平均低温约为 15 摄氏度）。NASA 从来没有在如此低的温度下发射过火箭，因此他认为明天的发射势必要往后延。

斯科比只说对了一半。第二天的气温的确将降到冰点以下，航天飞机也确实从未在这种低温下发射过。但他不知道的是，就在他们吃晚餐的时候，NASA 和马歇尔航天中心正在与莫顿公司的工程师们开会，讨论固体火箭助推器在低温下发射的问题。

这是因为在 3 个月前（1985 年 10 月），莫顿公司的工程师艾伯灵曾发出一个标题为"求救"的电子邮件给 NASA 和马歇尔航天中心，电子邮件中提及：在先前 9 次航天飞机发射过程中，固体火箭助推器中的 O 形环有 7 次都出现了烧灼的痕迹，虽然烧痕没超过 NASA 所规定的上限，但是这终究是个相当严重的问题。他强烈建议，在重新设计固体火箭助推器内火箭机体交会处装设的 O 形环之前，应该将航天飞机停飞。

虽然 NASA 不愿意接受他的建议，但是其中几位管理层人员却对那封电子邮件印象深刻。因此，当挑战者号即将在冰点以下的温度发射时，一位经理想到了那封电子邮件。他赶紧找了莫顿公司驻肯尼迪航天中心的代表麦克唐纳讨论此事。于是，麦克唐纳安排了一次电话会议，询问莫顿公司的工程师们对于在低温下发射航天飞机的意见。

专业意见与客户坚持

莫顿公司的工程师艾伯灵在获悉 NASA 想让挑战者号航天飞机在冰点以下的温度发射时，立刻出声反对。他指出，O 形环测试时的最低温度是 4.4 摄氏度，因此莫顿公司没有任何数据可以显示，O 形环在低于这个温度的情况下会有什么反应。莫顿公司负责固体火箭助推器的副总裁裘敏斯特听了艾伯灵的理由之后，向 NASA 表示，他赞同艾伯灵的说法，并建议将发射延期到天气回温之后。

然而，马歇尔航天中心主管固体火箭助推器的项目经理马洛伊立刻反驳："天啊，我真不敢相信你会提出这样的建议，你要我们等到 4 月再发射？你不能只是提出建议，而没有提供任何佐证数据，你要提供数据来证明'在如此低的温度下发射会失败'！"

莫顿公司的工程师们一下子被驳得哑口无言，无法提供这样的数据，于是电话会议暂时停止，双方约好两个小时后再继续讨论。

在这两个小时内，莫顿公司的工程师们匆忙地想找出任何可以证明"固体火箭助推器不可以在那么低的温度下发射"的实质性证据，但是他们只找到了航天飞机在 11.7 摄氏度的条件下发射时，O 形环有烧痕的先例，而且那次被烧的状况也不是最糟的。

艾伯灵和他的同事鲍斯约利将所有可能证明他们观点的证据都找了出来，传给 NASA 和马歇尔航天中心，但是在后续的会议中仍然无法满足 NASA 的要求，NASA 坚持要莫顿公司给出一个具体的温度，并证明"在低于那个温度的情况下发射，会导致灾难性的后果"。

莫顿公司的工程师们心知肚明，如果他们有足够的时间和经费去做一个低温测试的话，那么他们绝对可以证明固体火箭助推器的 O 形环在如此低的温度之下，一定会被烧穿，烧穿之后的后果绝对是无法想象的惨烈，但那天晚上，他们手头上就是没有这样的具体资料。

这时，莫顿公司的副总裁裘敏斯特盘算了一下，自己公司拿不出这样的科学证据，而且他也清楚，NASA 是为了保证发射的时间才会给莫顿公司这么大的压力。为了满足顾客的要求，他转身对着艾伯灵和鲍斯约利的经理伦德说："你暂时摘下工程师的帽子，换上管理者的帽子，我们用这个角度来讨论此事。"

公司再度开会讨论这件事时，所有工程师都被拒之门外，只有裘敏斯特、伦德和另外两位经理在场。那两位经理对此事没有意见，而伦德在这种情况下也改变了他原先支持自己部下艾伯灵的立场，他转而从管理者的角度重新考虑这件事：NASA 是公司的大客户，况且他也暂时无法证明在那种低温下发射会出事。最后，他只好同意 NASA 在次日低温的情况下发射航天飞机。

NASA 也知道此事关系重大，因此即使得到莫顿公司的口头同意，还特别要求由莫顿公司出具一纸书面同意书。

当莫顿公司的副总裁裘敏斯特将同意发射的决定以传真的方式告知 NASA 时，7 位航天员已经就寝，他们并不知道自己次日的厄运已在那一刻注定！

在欢呼声中升空

1 月 27 日夜里，卡纳维拉尔角发射基地的气温骤然降到 –7.8 摄氏度，低温使得发射台和航天飞机机身上结满了冰。次日清晨太阳出来之后，气温也只回升到 –2.2 摄氏度。在这种温度下，那些冰并没有融化的迹象。发射基地主任见状，除了派出人员前往发射台除冰，也将发射时间延后了两个小时，即上午的 11 点 38 分。

上午 10 点，7 位航天员带着笑容离开航天中心，并挥手与聚在大楼前面的送行者道别。他们随即登上一辆巴士，前往发射台。

发射台上所有的工作人员都认为经过两次的延期之后，这次应该会如期发射。他们很热情地预祝组员们有趟愉快的太空之旅。一位工作人员还掏出一个苹果送给麦考利芙老师，这个行为引起在场所有人的大笑，麦考利芙老师也笑着欣然收下 [10]。

航天飞机的舱门关好之后，倒数时钟显示，距离发射时间已剩下不足 30 分钟了 [11]。地勤工作人员随即撤离白屋——空桥与航天飞机对接的部分，内有测试仪器。挑战者号航天飞机准备上路了！

当倒计时到"7"时，航天飞机本身的 3 个火箭发动机开始点火启动，橘红色的火焰从航天飞机尾部的 3 个巨大喷嘴里喷出，连在 3.2 千米之外参观台上的人们都可以清楚听见这巨大的声音。发射台底端有许多巨大的水管，就装设在火箭发动机喷嘴和固体火箭助推器的喷嘴附近，此时工作人员也开始对着发射台底端注水，这十几根水管可以在一分钟内对着发射台底端喷洒出约 4000 立方米的

10.送苹果给老师是美国学校的一个传统，源自过去有些贫苦学生无法负担学费，而送给老师自家所种的苹果。

11.倒计时是由计算机控制的，开始倒数的时间会因为发射的火箭不同而有差异，有些火箭会从发射前三四天开始倒计时。航天飞机的倒计时大约是从发射前60个小时开始的。倒计时的时候，计算机会持续检查在发射前应该准备妥当的事项是否已在指定时间内完成，如果发现一项没有完成的工作，倒计时就会自动停止，直到工作完成后才会继续倒数。

水[12]。倒计时到"0"时，两个固体火箭助推器启动，航天飞机开始缓缓上升。它的速度增加得很快，固体火箭助推器启动后6秒，航天飞机冲出发射台的速度已达150千米/时。

在航天飞机带着熊熊火焰冲进寒冷蓝天的刹那，参观台上的人群中爆发出一阵掌声。一群来自麦考利芙老师任教学校的学生特地前来观看航天飞机升空，他们更是兴奋地用照相机将这个值得纪念的瞬间记录了下来。

最大的梦魇

远在3000多千米外，莫顿公司的几位工程师们也挤在公司员工咖啡厅里，看着电视转播的挑战者号航天飞机发射实况。与现场观众不同的是，那些工程师都非常紧张，

12.对着发射台底端喷水的目的，除了是保护发射台底端附近的地面装备免受高温的侵害，也是消声与减震。避免巨大的声波在碰到平滑的地面后，反射到附近的发射台钢架上，引起钢架的共振，从而对其造成损害。声波也会使管线爆裂，墙面出现裂痕，连接处松脱，而从这些裂缝流泻出来的东西又可能进一步造成火灾。航天飞机发射时喷出的大量白色烟雾，其实就是大量的水蒸发所产生的水蒸气。至于固体火箭喷出的高温废气，则是从发射台另一侧通过系统排出的。

他们祈祷在发射后的两分钟之内不要发生任何意外，因为固体火箭助推器在发射两分钟后就会燃烧完毕。唯有等到航天飞机将固体火箭助推器抛弃的时候，他们心中对于 O 形环的担忧才能放下。

航天飞机在发射后 40 秒就超过声速，此时的高度约为 5800 米。与此同时，为了防止因速度太快而导致的空气压力影响到整架航天飞机的结构，飞行员史密斯将火箭发动机的油门收到 65%。20 秒之后，航天飞机通过 10.7 千米高的空层，速度已达到 1.5 马赫（1 马赫是 1 倍声速）。

这时，空气已非常稀薄，因速度太快而导致的空气压力就不再是个问题。此时，休斯敦的飞行指挥中心通知挑战者号："挑战者，油门加满。"

"听到，油门加满。"这是挑战者号与地面的最后一次对话。

在莫顿公司咖啡厅里观看挑战者号航天飞机发射的职员中，有一位是工程师艾伯灵的女儿，她见到挑战者号一直顺利地往天际冲去，认为她父亲所担心的事并没有发生，于是对父亲说："一切都很顺利，您多虑了。"

挑战者号航天飞机在发射 73 秒后爆炸。

　　"事情还没结束⋯⋯"艾伯灵紧蹙着眉头，盯着电视荧幕，迫切地希望看到固体火箭助推器被抛弃的画面，那才是航天飞机发射成功的真正标志。

　　然而，艾伯灵刚说完那句话没多久，荧幕上的航天飞机突然爆出一阵火焰，然后完全隐身在一阵浓浓的烟雾之中。两个固体火箭助推器依旧顽固地拖着粗大的凝结尾向上飞，只是它们此时像在空中乱窜。

"哎呀！我的天哪！"一位女职员看着电视画面尖叫了一声。所有在场的工程师们没有人说一句话，只是瞪着荧幕上那团白烟和两个还拖着凝结尾乱飞的固体火箭助推器。他们都知道发生了什么事情，只是不敢相信自己心中所恐惧的事，竟然真的发生了。

一个物体不会因为管理层所说的一句话，而改变它的特质，从来不会！

现场的人不知道发生了什么事

大多数站在参观台上的人仰头看着天上那团尚未散去的白烟，却不了解发生了什么事。他们觉得这与之前电视转播的航天飞机发射情况很不一样，但现在没有任何官方的解释，因此他们也不愿意去相信自己所看到的景象。有几位内行人互相低声讨论着，不敢将声音放大，因为他们知道现场还有航天员的家属。

这时，现场的扬声器中却传来休斯敦航天中心公关部门发言人奈斯比的声音："工作人员正在仔细检视目前的状况，显然航天飞机发生了严重的故障，我们目前无法获得任何航天飞机传回的信息。"

几分钟之后，扬声器中再度传来奈斯比的声音："我们收到飞行动态部门传来的消息，航天飞机已经爆炸，飞行中心主任也证实了这个消息。我们正在与搜救中心联系，讨论该如何展开搜救行动。"

NASA 立即下达紧急命令：休斯敦航天中心的飞行指挥中心必须立刻将门锁上，不准任何人进入或离开，也不准使用电话。所有值班人员必须立刻将计算机上的数据记录下来。

NASA 遇上成立以来最大的麻烦，而这个麻烦却是他们自找的！

13 人调查小组

面对全国人民对于真相的要求，里根总统在 3 天后宣布，他指定罗杰斯组织一个独立调查小组来调查这起意外事件。

罗杰斯是律师，又常年从政，因为他不是科学家，也没有航天方面的背景，所以许多人怀疑，之所以让他主导挑战者号的失事调查，是因为政府想掩饰一些真相。根据《纽约时报》记者桑格的事后调查，里根总统在这个团队开始调查之前，还真的告诉过罗杰斯，不管发现什么，不要公开让 NASA 过于难堪。

罗杰斯在一个星期内找到了包括人类第一次登月的航天员阿姆斯特朗、美国第一位女性航天员赖德、世界上第一位超声速飞行员叶格和诺贝尔物理学奖得主费曼等 13 位各方面的专家，组成独立调查小组，立刻着手调查。

调查小组首先仔细地观看了由 NASA 提供的各个不同角度摄影机拍摄的发射影片。他们很明显地看到，在固体火箭助推器点火之初，火箭的机体交会处曾冒出一缕黑烟。然后在发射 48 秒后，固体火箭助推器右下方曾出现闪光，发射 58 秒后可以看见右侧固体火箭助推器出现的火焰，发射 64 秒后外贮箱被固体火箭助推器的火焰波及。最后，航天飞机在发射 73 秒后爆炸。

吹哨者

这些初步的证据显示，固体火箭助推器就是事故的元凶。于是调查小组询问 NASA，在这次事件之前，是否知道固体火箭助推器有潜在的危险。

马歇尔航天中心主管固体火箭助推器的副经理罗宾固表示，他们知道固体火箭助推器机体交会处的 O 形环曾有被火焰烧灼过的痕迹，但在设计时工程师就考虑过这种风险，因此多放了一个 O 形环作为备用。他表示，在历次发射的过程中，第一道 O 形环确实有被烧灼过的痕迹，但第二道 O 形环却从来没有被火焰触及过。

因为调查小组与 NASA 之间的对话是在公开的场合进行的，有媒体在场做记录并进行实况转播，所以当 NASA 的系统分析员库克在电视上听到罗宾固的说辞时，他告诉自己，必须为那冤死的 7 位航天员挺身而出，揭开 NASA 的谎言。他有足够的数据显示，NASA，尤其是马歇尔航天中心，在事前早已充分了解固体火箭助推器中 O 形环的问题，他也有证据证明，远在一年多之前，马歇尔航天中心就知道第二道 O 形环也曾被火焰波及过。

库克将他掌握的所有关于 O 形环的资料，交给《纽约时报》的记者博菲。《纽约时报》当然不会错过这个线索，于是在 2 月 9 日的报纸上将 O 形环在挑战者号航天飞机失事过程中所扮演的角色详细地报道出来。

主持调查小组的罗杰斯看到《纽约时报》的报道之后真的是气炸了，因为在这之前他刻意地在维护 NASA 的声誉，而这篇报道却揭穿了 NASA 的谎言。于是在当天他就宣布，之后的所有会议都禁止媒体参加。

一击毙命的证据

然而，《纽约时报》的这篇报道已像野火燎原似的在全国广为传播，许多基层员工见状也纷纷将他们所知道的有关固体火箭助推器的内幕向媒体爆料。

在 2 月 10 日召开第一次闭门会议时，赖德就根据她所得到的一则信息，询问马歇尔航天中心主管固体火箭助推器的项目经理马洛伊，在发射的前一天晚上，莫顿公司是否曾因温度太低而建议将发射日期延后。马洛伊却说他不记得有这件事。

这时，代表莫顿公司参加调查小组的麦克唐纳举手发言（事发前一天他就是莫顿公司派驻肯尼迪航天中心的代表），他以沉着且坚定的口吻说："我们公司确实曾经建议，不要在那天发射！"

他说完之后，全场没有任何人说话。罗杰斯和马洛伊两人看着麦克唐纳，也没有说什么，但脸上却露出愤怒的表情。罗杰斯这时已经知道，他再也无法替 NASA 保住颜面了。

当天散会后，赖德与另一位调查小组成员、空军将领库廷钠外出散步。赖德打开自己的记事本，拿出一张纸交给库廷钠，那是一张 NASA 的内部文件。整个过程中，赖德一句话都没说。

库廷钠打开纸条，见到上面有两行阿拉伯数字，第一行的标题是"温度"，下面是从 60 华氏度（15.5 摄氏度）开始，以每 5 华氏度（约 2.8 摄氏度）一行一直下降到 30 华氏度（–1.1 摄氏度）。第二行的标题是"弹性系数"，下面是从 15.5 摄氏度一直到 –1.1 摄氏度对应的弹性系数。

库廷钠立刻知道这是怎么一回事了，原来那是 O 形环在不同温度下的弹性系数。根据那张对照表，O 形环在 7.2 摄氏度以下几乎没有任何弹性可言。他猜想这应该是莫顿公司内部的人透露给赖德的数据，而赖德基于信任将这份数据交给他，但她一定有不愿意自己公布的原因，可能是担心由她公布，会危及她在 NASA 内部的地位，或者会伤害到莫顿公司内部提供这份数据的人[13]。

那他该如何处理才不会使赖德难堪呢？他想了一下之后，决定将这份数据转交给小组成员费曼，相信他一定知道怎么处理。他约了费曼到家里吃晚餐，席间他以他维修自己汽车的经验——天气太冷时，车里化油器的 O 形环就会失效导致渗漏——来引出这个问题，接着问费曼："教授，您觉得这跟我们面对的情况有没有类似之处呢？"

费曼听完并没有说话。不过在下个星期的会议中，费

13.库廷钠坚守了他对赖德的承诺，始终没有对外界透露他是如何取得那份关键的温度–弹性系数文件的。直到2012年赖德去世后，库廷钠才说出那份文件是赖德给他的。

曼拿了个 O 形环的样本，在调查小组所有成员的注视下，将那个 O 形环扭曲后浸到一杯冰水里，几分钟后再将那个 O 形环取出，这时 O 形环竟无法恢复到原来的形状。

接着费曼就像在教室里给学生上课一样，解释了温度与弹性之间的关系。然后他将话题转到挑战者号的固体火箭助推器上，他表示在发射当天的低温下，O 形环在火箭机体交会处的凹槽中，已经失去弹性，因此根本无法将火箭机体交会处密封。在这样的情况下，固体火箭助推器内部高温的气体和火焰从机体交会处向外泄出，其实是可以预见的！

经过费曼的讲解，整个事件的原委已经呼之欲出。罗杰斯这时也只好决定尊重专业人士的意见，将这次失事的真正原因查个水落石出，否则他不仅无法再袒护 NASA，还会将他自己一生的清誉都赔进去。

有了这层认识之后，调查小组的工作进行得相当顺利，并在 1986 年 6 月 6 日将调查报告呈给里根总统。

爆炸后组员还活着

　　这份200多页的报告先是详细描述了意外发生的过程：当天在固体火箭助推器点火的瞬间，从影片上可以看到一缕黑烟从火箭机体交会处冒出，那是因为O形环在低温下失去了它的弹性，所以火箭机体之间并没有完全密封，火箭内部的高温气体从间隙泄出，将两道O形环烧穿，黑烟就是O形环在燃烧时所产生的。而此时固体火箭助推器的火焰并没有外泄，原因是固体推进剂在燃烧后所产生的氧化铝在这个时间点意外地将空隙堵住了。

　　航天飞机本可以借着这个小的"意外"躲过失事的厄运，但偏偏就在发射后37秒时，航天飞机遇到一阵强烈的风切变[14]。这是在历次所有航天飞机发射过程中，最严重的一次风切变状况。这次风切变所引起的强烈震动，竟将那堵住空隙的氧化铝震开，因此火焰开始从固体火箭助推器内的火箭机体交会处泄出。几秒钟之后，外泄的火焰烧到

---

14. 风切变是因在相对的空层里风向和风速急遽变化而产生的现象。例如300米以下吹南风，300米以上吹北风，飞机在经过这300米高的空层时，所经历的现象就是"风切变"。

固体火箭助推器旁边的外贮箱，将外贮箱的外壳烧化。外贮箱内的液态氢外泄并开始燃烧，几秒钟后引起爆炸。航天飞机在爆炸中解体。

根据计算机仿真的资料，航天飞机的组员座舱在解体的过程中，可能曾承受过 20 倍的重力加速度。在如此大的重力加速度下，所有组员应该当下就丧失了知觉，但是从航天飞机的残骸中发现，航天员史密斯、雷斯尼克和鬼冢承次的紧急逃生气筒（供氧设备）均已启动。其中，史密斯的气筒直到坠海之前都在使用中。而史密斯的气筒在他的座椅后面，不可能是他自己打开的，因此应该是坐在他后面的雷斯尼克或鬼冢承次替他打开的。这证明在航天飞机解体之际，至少这两个人还是清醒的。

另外，史密斯右边的仪表板上有几个电气系统的开关被拨动了，而且不管是爆炸或坠海的冲击力，都不足以改变那几个开关的位置。这意味着航天飞机爆炸后史密斯还活着，且曾经尝试恢复太空舱内的电力供应。

但是在组员座舱坠海的一刹那，任何尚有知觉的组员都会在那巨大的撞击力下丧生。从航天飞机解体到组员座舱坠海，是长达 2 分 45 秒的自由落体式下坠，对任何在解体后尚存的组员来说，那是一段无法想象的悲惨过程。

调查报告继而指出，这次意外事件的主要原因是固体火箭助推器内火箭机体交会处的设计错误，但决定发射的过程也有相当大的瑕疵，NASA 刻意地忽略了工程师延迟发射的建议，也是造成此次事故的原因之一。

调查小组在报告中还给出许多建议，其中最重要的就是，在航天飞机恢复运作之前，固体火箭助推器的火箭机体交会处必须重新设计，务必消除任何火焰外泄的隐患。另外就是日后开展所有任务之前，任何与 1 级重要性有关的会议，任务指令长必须参加。调查小组的成员们认为，如果斯科比能参加 1 月 27 日晚上的会议，他一定不会同意在温度那么低的情况下发射航天飞机。

究责之后

航天飞机项目经过两年多的停摆，发现者号航天飞机于 1988 年 9 月 29 日再度进入太空，那时莫顿公司已将固体火箭助推器内火箭机体交会处重新设计，在此后所有的航天飞机任务中，O形环再也没有出现过任何问题。

在挑战者号出事前一晚代表NASA开会并向莫顿公司施压的马洛伊，在1986年7月申请提前退休。时至今日他依旧认为，当时莫顿公司没有提供确凿的证据来证明固体火箭助推器在低温下发射会造成意外，是他当时做出决定的主要原因。不过他对他的决定所造成的悲剧感到遗憾。

莫顿公司的艾伯灵和鲍斯约利两位工程师，因为挺身而出对调查小组说出NASA曾向莫顿公司施压的实情，引起公司内部高层人士对他们的不满。那些高层人士觉得不应该这样得罪NASA这个大客户。此后，同事们开始刻意冷落他们俩，让他们在工作上处处不顺。

在这种情况下，艾伯灵提前退休，从此不过问任何有关工程的事。鲍斯约利则决定辞职，离开公司之后开始在学术界和业界推动工程伦理学的发展。他应邀前往世界各地的大学为工学院的学生讲授一位工程师在那种情况下，应该如何做到对得起自己的良知，因为他知道，他在那天晚上"没有做的事"已让他终身懊悔。

挑战者号失事，证实了斯科比在出发前对麦考利芙老师所说的话：航天飞机仍在测试阶段，每次发射都承担着相当大的风险。不过罗杰斯领导的调查小组则指出，挑战者号的悲剧原本是可以避免的。

直到今天，放眼望去，在一些国家仍有许多相似的事件不断地在重复，意外也持续地在发生，因为他们的一些管理者在做决定时所考虑到的多半是自身和公司的利益，至于基层任务执行者的安危，鲜少在他们的考虑之中。

高飞

最后，我以里根总统曾引用的一首英文 14 行诗《高飞》，来纪念那 7 位为探索太空而牺牲的航天员。这首诗的作者是小约翰·吉莱斯皮·马吉。他于 1922 年 6 月 9 日出生在中国上海，1941 年 12 月 11 日在飞行训练中撞机身亡。这首诗曾被不少人翻译成中文，但我觉得汪治惠博士的翻译最为传神。

《高飞》

嘿！我已挣脱地球的桎梏，

伸展银翼空中飞舞；

迎日爬升，进入阳光劈开的云雾，

不禁欢笑心喜……做了成百上千种事情，

你做梦也无法想象……盘旋，滑翔摇摆，

高飞于遍洒阳光宁静中，

在那儿徘徊，独自追赶咆哮的风，

驾驶飞机，穿过无底云廊……

向上，向上，

飞向狂喜，炽烈蓝空，

轻松自如，登上风卷残云的高点，

那儿云雀未至，傲鹰无踪，

心怀向上渴望，我已踏进，

神圣不可侵的高崇空域，

伸出双手，轻触上帝的脸庞。

High Flight

Oh! I have slipped the surly bonds of Earth

And danced the skies on laughter-silvered wings;

Sunward I've climbed, and joined the tumbling mirth

Of sun-split clouds, — and done a hundred things

You have not dreamed of—wheeled and soared and swung

High in the sunlit silence. Hov' ring there,

I've chased the shouting wind along, and flung

My eager craft through footless halls of air...

Up, up the long, delirious burning blue

I've topped the wind-swept heights with easy grace

Where never lark, or ever eagle flew—

And, while with silent, lifting mind I've trod

The high untrespassed sanctity of space,

Put out my hand, and touched the face of God.

第七章

『做了也没用』的态度

哥伦比亚号

2003 年 2 月 1 日，在太空轨道中已经运行 15 天，绕地球飞行 250 多圈的哥伦比亚号航天飞机完成了在太空中的任务，即将在这天返回地球。

美国东部时间 8 点 14 分，哥伦比亚号航天飞机经过印度洋上空时，指令长哈兹班德将反向火箭启动，这是航天飞机返回地球的第一步。当时，航天飞机的速度约为 29000 千米 / 时，距离地面的高度约为 270 千米。2 分 38 秒之后当反向火箭关闭时，航天飞机的速度仅大约减缓了 280 千米 / 时，但就是这么微小的速度差，已足够使它离开原来的轨道，开始下降。

那时外界还是一片漆黑，哥伦比亚号航天飞机在预定的航线上缓缓下降。半个小时之后，它已接近夏威夷群岛西北边约 1450 千米的地方，高度已经降到距离大气层边缘 120 千米左右（一般客机的巡航高度是在 9—12 千米）。按照返航计划，哥伦比亚号航天飞机将在那里进入大气层。

当时哥伦比亚号航天飞机的速度是 25 马赫 [1]，佛罗里

1.25 马赫即为声速的 25 倍，声速会因高度、温度和空气密度而改变。在 120 千米的高空，25 马赫约为 8 千米/秒。

达州的卡纳维拉尔角空军基地在距离它 7200 千米的东南方，预计半个小时之后，航天飞机将要在那里降落。其实，两个多星期之前的 1 月 16 日，执行"STS-107"任务的哥伦比亚号航天飞机就是从同一地点发射升空的。这是 NASA 所进行的第 113 次航天飞机任务。

哥伦比亚号航天飞机是 NASA 的第一架航天飞机，于 1981 年 4 月 12 日首航发射升空。在此后的 22 年间它一共进入太空 28 次，在太空中逗留的总天数超过 300 天，也绕地球飞行过 4000 余圈。这一次太空任务的主要目的是在太空中进行 80 多项不同的实验，这些实验由 4 位任务专家负责执行，他们分别是：

安德森，空军上校飞行官，于 1994 年加入 NASA，成为任务专家，这次是他第二次进入太空执行任务（先前曾参与编号为"STS-89"的太空任务）。他在这次任务中担任有效载荷指令长一职，负责任务中所有的实验。

布朗，海军上校飞行军医，也是一名合格的海军飞行员，于 1996 年加入 NASA，这是他的第一次太空飞行。在这次任务中，他与另一位海军军医克拉克负责执行医学或生物领域内在无重力状态下的实验。

克拉克，海军上校军医，于 1996 年加入 NASA，这也是她的第一次太空飞行。在这次任务中，她负责与布朗上校合作进行各项实验。

楚拉，第一位进入太空的印度裔女性航天员，她拥有航天工程方面的博士学位，也是一名合格的商用飞行员和飞行教练。她先在 1988 年加入 NASA 担任工程师，后又于 1995 年被录取为航天员。这次是她第二次进入太空执行任务（先前曾参与编号为"STS-87"的太空任务），负责进行与太空科学有关的一些实验。

除了以上 4 位任务专家外，组员中还有一位载荷专家拉蒙，他是以色列空军上校飞行官。1997 年，以色列与美国签署了一项协议，将他送进 NASA 接受航天员训练。这是他的第一次太空飞行，他在任务中负责进行由特拉维夫大学设计的地中海以色列尘埃实验。

任务指令长哈兹班德是美国空军中校试飞员，有 3800余小时的飞行经验。他在 1994 年成为 NASA 的航天员，这是他第二次进入太空，也是第一次担任指令长之职，先前他在"STS-96"任务中担任飞行员。此外，负责操纵哥伦比亚号航天飞机的是飞行员麦库，他是海军中校试飞员，拥有航天工程方面的硕士学位，这是他的第一次太空任务。

缤纷奇景

哥伦比亚号航天飞机的这次任务从一开始筹划就不是很顺利，因为要做的实验多达80余项，每次在做任务讨论时，总会有一些问题无法解决。于是，为了解决那些问题，发射日期就一延再延。等到航天飞机在2003年1月16日发射升空时，已延期过18次了！

进入太空后，哥伦比亚号航天飞机反倒是一帆风顺，所有的实验都如期顺利完成。在2月1日结束了16天的任务后，航天飞机开始返航。

进入大气层后，指令长哈兹班德将航天飞机的机头拉高至40度，几乎完全以机腹对着大气层下降前进。那时，航天飞机的速度是25倍声速，机体与大气层中的空气快速摩擦后产生了高达1600摄氏度的高温，而机腹上的那些隔热材料则顺利地将高温挡在航天飞机外面，内部的人员与机件丝毫不会受到高温的影响。

进入大气层后不久，坐在驾驶舱右座的副驾驶麦库见到驾驶舱外面开始有一些彩色的光在闪动。他想起在受训的时候曾有许多教官告诉他，重返地球大气层时，一定要好好欣赏驾驶舱外因空气摩擦产生高温而形成的等离子体，那种五颜六色如火焰舞动般的奇景，在地面很难看到。

"这就是所谓的等离子体光秀吗？"麦库想从指令长哈兹班德处得到证实。

"现在就有了吗？"坐在他后面的克拉克随即问道，她与麦库都是第一次进入太空，因此看到什么都觉得稀奇。

"对，那就是等离子体。"已有一次太空飞行经验的哈兹班德对他们说。

"我要将这个景象拍下来。"克拉克兴奋地将摄影机对准窗外开始摄影。

"等一下这个电光秀会更精彩。"哈兹班德笑着说。

真如哈兹班德所说，当航天飞机的高度越来越低，外界的空气密度越来越大时，航天飞机外面的温度就越来越高，驾驶舱前的光色也开始越发艳丽，像火苗似的在驾驶舱外舞动。麦库惊叹着这科技与自然结合时所产生的美景。

消失的左翼信号

8点53分，航天飞机通过夏威夷北方9分钟之后就已抵达加利福尼亚州旧金山北边的海岸上空。那时的高度是75.6千米。加利福尼亚州的许多"太空迷"早在天还没亮之前就在各地架好照相机，希望能拍摄到哥伦比亚号航天飞机返航飞行时的照片。

《洛杉矶每日新闻》的摄影记者贝勒文斯特地跑到加州理工学院的欧文斯山谷射电天文台，在那里架好照相机，希望能以天文台的巨型无线电盘形天线作为背景，拍下哥伦比亚号航天飞机飞过黎明天际的画面。

然而，当他从照相机的望远镜头看到哥伦比亚号航天飞机时，他注意到了在机体下方有一条长长的火舌，这与他之前在同一个地点所看到的其他航天飞机有着显著的不同，他觉得那条火舌应该不是因高温产生的等离子体，但他又说不出来那到底是什么。当时，他想着，等会儿下山之后，再拿照片去问他在喷气推进实验室上班的朋友。然而就在他下山的路上，他就从收音机上知道是怎么一回事了。

几乎就在哥伦比亚号航天飞机经过加利福尼亚州的同时，地面指挥中心负责监控机械系统的工程师克宁注意到，从航天飞机上传来的资料当中，左翼内部两个液压温度的显示消失了。几秒钟后，左翼由液压控制的两个襟翼信号也消失了。

"怎么回事？这不是开玩笑的事……"他自言自语地说着，随即将状况向负责航天飞机重返控制的主任凯恩报告。

凯恩一听是左翼的问题之后，立刻想到了在航天飞机发射后 81 秒时，有一块泡沫塑料从外贮箱外层脱落，撞击到航天飞机的左翼下方。为了这件事，NASA 的几位专家开了很多次会来讨论这个状况。当时，他们都认为泡沫塑料是一种非常轻、密度非常小的材料，撞在坚固的机翼上，应该不会产生任何问题。况且在 3 个月之前，亚特兰蒂斯号（Atlantis）航天飞机曾经发生过类似的状况，结果也是毫无影响，安全落地。于是，任务管制中心的管理人员和工程师们，都无异议地接受了这个判断。

凯恩想到这里，一个不安的念头掠过他的脑海，虽然他希望这几个消失的信号和那块泡沫塑料的撞击无关，但事情也太巧了吧！

那时站在他后面的任务管理小组主席琳达·汉姆听到这个消息时，转头对着航天飞机项目经理底特莫尔简短地说："是左翼。"底特莫尔擦了擦额头上的汗，点了点头，没说什么，但是他知道事情不好了。

这时，哥伦比亚号航天飞机的高度已经降到约 70 千米，正高速通过新墨西哥州的阿尔伯克基市。

为了保险起见，凯恩问了其他几个系统的负责人，想知道有没有任何其他异常的现象。那些系统的负责人都回复他：一切正常。听了之后他心安了，航天飞机里有成千上万的传感器，偶尔有几个失灵也是常见的事。

就在那时，指令长哈兹班德的声音从扬声器中传来："啊，诶，休（斯敦）……"他刚开始讲话，信号就被切断。

这种情形在航天飞机返航时经常发生，所以地面指挥中心的工作人员并不觉得有什么特别之处，他们认为哈兹班德的声音很快就会再度从扬声器中传出。半分钟之后，哈兹班德的声音没有出现，但克宁却在此时再度向凯恩报告，左起落架的两个主轮压力显示也消失了。

这时凯恩真正开始担心了，一连串同一部位附近的传感器信号消失，这不大可能是仪表错误。他低头看了一下手表，17分钟之后，哥伦比亚号就要落地了，如果左起落架的轮胎在此时漏气失压，那将是个非常严重的状况。他快速地盘算着，在这短短的时间内该如何应付这突发的状况。

在地面指挥中心专门负责与哥伦比亚号通话的航天员霍伯格听到克宁所说的有关左起落架主轮压力的问题后，立刻与哥伦比亚号联系："哥伦比亚号航天飞机，这里是休斯敦航天中心，我们看到你左起落架胎压的警告，另外你的上一则通话我们没听完整，请重复。"

听到霍伯格的询问后，哈兹班德再度发声："听到，诶……"他的最后一句话还没说完，哥伦比亚号与地面的所有信号就在那一刻中断。

凯恩这时也注意到，在他面前的计算机显示器上，从哥伦比亚号上传回来的数据先是变成乱码，然后完全停止了显示。他急忙和负责仪表与通信的工程师霍普联系。霍普表示，先前其他航天飞机在返航时虽然偶尔也会发生信号中断的状况，但是从来没有出现像这次一样所有数据链中断的现象。

凯恩意识到哥伦比亚号出了大事，而且很可能与发射时那块泡沫塑料撞上左翼有着密切的关系。他觉得他的心开始下沉，似乎无止境地快速下沉。他抬起头，看到地面指挥中心的工程师们似乎都在为这个状况感到迷惑，从来没有一架航天飞机在返航时与地面的所有信号同时中断。

空中解体

这时，一位住在得克萨斯州达拉斯市东边的梅斯基特市，名叫"迪茨"的人正在他的后院仰头望着天空。他是位"太空迷"，每次航天飞机返航时，他都会按照 NASA

所公布的时间在他家后院等待，这次也不例外。8点（美国东部时间 9 点）的时候，哥伦比亚号准时地在天际出现，他兴奋地按下照相机的按钮，但他通过照相机的望远镜头，见到两块很大的机体从航天飞机上脱落，而且航天飞机后面那条凝结尾也正在变换着形态，一下子变粗一下子又变细，每变换一次就有一些碎片从航天飞机上脱落。他一开始还无法理解这到底是什么情况，但很快地就知道他正目睹着航天飞机在空中解体！

任务评估中心主任唐纳德·麦科马克正急着想了解哥伦比亚号失去联系的原因时，他桌上的电话响了，他抓起听筒还没来得及报出自己的名字，就听到对方以非常急促的声音喊着："唐纳德！唐纳德！我看见了，我看见它了，它在空中解体了！"唐纳德听出这是正在休假的工程师埃德·加尔斯克的声音。

"埃德，冷静一下，你在说什么？"虽然让对方冷静，但唐纳德本身的口气也相当急促。

"我看见航天飞机了！天哪！它在我眼前解体了！"埃德几乎是以呜咽的声调告诉唐纳德他刚才看到的情形。

原来，他那天带着一群孩子外出旅游。他知道哥伦比亚号会在当地时间 8 点左右经过得克萨斯州上空，于是他把车停好，想让孩子看到航天飞机划空而过的英姿。没想到，他让自己再度经历了一次梦魇，因为 17 年前他也曾在卡纳维拉尔角目睹了挑战者号航天飞机的爆炸！

如果是平时埃德打电话告诉唐纳德他刚目睹航天飞机在空中解体，唐纳德会认为这家伙根本就是在开玩笑。不过，现在哥伦比亚号已经失去了联系，埃德的这通电话让唐纳德面对了心中最不愿意面对的事实。

唐纳德马上将这个消息转告凯恩，凯恩听了之后先是愣了一下，随即非常冷静地说："知道了。"然后他转身对着控制中心的警卫说："将门锁上！"这是 NASA 危机处理计划中的第一步，不准任何人出入控制中心，值班的每一个人必须将自己所负责部分的所有数据保存起来。

排除了恐怖袭击

当天上午美国国务院的官员们知道这个消息后，第一反应竟是怀疑这起失事案件是否是恐怖分子攻击所造成的，因为哥伦比亚号航天飞机7位组员中的拉蒙是以色列空军上校，曾于1981年参加轰炸伊拉克核反应堆的任务。为了避免中东恐怖分子因为他的参与而对这次太空飞行进行攻击，NASA还特别在发射当天于卡纳维拉尔角部署了额外警力。国务院把"事故是恐怖分子造成的"这种疑虑传递给NASA，但NASA认为不可能，向国务院解释说就哥伦比亚号发生意外时的高度和速度而言，恐怖分子不可能从地面或空中对它进行攻击。

当天下午2点，小布什总统在电视上宣布："哥伦比亚号航天飞机在完成为期16天的任务后，于当天上午在返回地球途中失事，7位航天员无一幸免。"

这个消息顿时震撼了美国社会，因为在1986年1月挑战者号航天飞机失事后，航天飞机已经经过重新设计，也安全地飞行了17年。没想到就在人们逐渐接受航天飞机往返太空已是日常生活一部分的时候，却发生了航天飞机在空中解体的惨剧！

有经验的意外事件调查专家

NASA 局长奥基夫在事件发生当天，也根据危机处理计划，召集各方面的专家组成了一个意外事件调查小组。这个调查小组与挑战者号航天飞机意外调查小组不同的是：挑战者号的调查小组是由里根总统下令组成的，并钦点了调查小组的主席。而这一次的调查小组则由 NASA 局长召集，并由局长指定主席。

奥基夫在接任 NASA 局长之前，曾担任过海军部长，因此对海军事务较为熟悉。在考虑哥伦比亚号失事调查小组主席的人选时，他想到了曾担任科尔号导弹驱逐舰恐怖袭击事件调查小组副主席的退役海军上将格曼。奥基夫非常赞赏格曼在调查科尔号事件[2]时的表现，因此在找调查小组负责人时，第一个就想到他。

格曼在接到奥基夫的电话，得知 NASA 想邀请他担任

---

2. 2000年10月12日，恐怖组织在也门的亚丁港对美国科尔号导弹驱逐舰进行自杀式恐怖攻击，造成17名海军官兵牺牲。

哥伦比亚号失事调查小组主席时，想着的却是他完全不了解航天飞机，该如何主持失事调查。

奥基夫针对格曼的困扰回复道："我不是在找一位航空专家，我在找一位有经验的意外事件调查专家。"在了解了奥基夫的用意后，格曼答应接下这个调查的重担。

奥基夫随后就将那份危机处理计划用电子邮件传给格曼。计划中清楚地表明，失事调查小组中应该有12位成员，其中6位是在计划中就预先指定的非NASA成员，他们都是航天领域或航天失事调查方面的专家，另外6位成员则由调查小组主席自由约聘。

格曼很快地就选定了包括赖德在内的另外6位专家并说服他们加入调查小组。赖德是美国的第一位女航天员，曾两次进入太空，也是唯一一位参加过两次航天飞机失事调查的人。

当天下午5点，距哥伦比亚号失事仅8个小时之后，失事调查小组就举行了第一次视频会议。格曼以主席的身份指派每个小组成员的职务，并表示调查小组的首要任务就是搜集残骸。哥伦比亚号的残骸散布在达拉斯市东南边，因此 NASA 决定将所有搜集到的残骸暂时集中到附近的巴克斯代尔空军基地。政府将会在次日派专机将调查小组成员送到该地。

同时，40 余位工程师和技工正从卡纳维拉尔角出发前往巴克斯代尔空军基地，他们是 NASA 的先遣部队。他们的任务除了搜索残骸之外，还包括向搜救人员和当地警方说明航天飞机上有哪些危险物品不可以触摸，必须谨慎处理。

失事调查小组的成员在次日到达巴克斯代尔空军基地之后，在还没接触到任何残骸之前，就从一些工程师口中听到了一个相当耸人听闻的消息：NASA 内部其实有人早就知道，哥伦比亚号这趟返回地球之旅，将会冒着极大的风险。

知道了又能怎么样？

原来，在哥伦比亚号航天飞机发射后的次日，卡纳维拉尔角附近已有许多追踪发射情况的摄影单位，陆续将自己所拍摄的影片送到航天中心。一位工程师在检视这些影片时，看到了一段令人不安的影片，于是他通知专门负责分析影片的工程师佩吉前来他的工作室观看这段影片。

那段影片显示，在发射后 81 秒的时候，有一块泡沫塑料从外贮箱外层脱落，撞击到航天飞机的左翼下方，导致一些粉状碎片从左翼下飞脱。佩吉看了之后，立刻想到在 3 个月之前亚特兰蒂斯号航天飞机发射时也曾经有过相似的状况。不过，那次看不清楚泡沫塑料是从外贮箱的哪个部位脱落的，只是可以很清楚地看见那块泡沫塑料撞到航天飞机机身，并且没有造成太大的伤害。

这次刚好相反：可以很清楚地看见泡沫塑料是从外贮箱与航天飞机之间的支架处脱落的，但却看不清楚是撞到航天飞机左翼下的哪个部分。不过，根据影片上显示的画面——一大片粉状碎片从左翼下飞脱——可以判断左翼下方受损的情况可能不轻。

佩吉开始搜寻由其他摄影机拍摄的影片，希望可以看清楚到底左翼的哪一个部位被这块泡沫塑料撞到，以及受损的情况有多严重。但是没有一架摄影机拍到他想看的部位。

于是，佩吉立刻打电话通知发射控制中心主任黑尔，告诉他航天飞机可能在发射中受到重大撞击，然后将那段影片用电子邮件传给他。随后佩吉甚至亲自赶到黑尔的办公室，当面向他说明这是件相当严重的事。

佩吉记得在 1988 年 10 月间，发现者号航天飞机在发射时有一块舱板脱落。那次，为了准确地知道那块舱板附近的机件到底有没有受到损伤，NASA 曾委托国防部用极机密、高倍数的侦察卫星去拍摄发现者号，因此他觉得在这时候应该再度使用同样的方法来取得哥伦比亚号的照片，以便了解左翼下方的受损情况。然而，他本身的机密等级不高，当时只是耳闻，没有亲眼看过那些极机密的照片。

在黑尔的办公室里，当佩吉提出请国防部协助用极机密、高倍数的侦察卫星去拍摄哥伦比亚号的外观时，黑尔一句话都没说，双眼一直盯着佩吉看。

原来，佩吉获得授权的机密等级不够高，在没有极机密等级的情况下，提出这样的请求是非常不适合的！佩吉很快就了解到他触犯了国防工业领域相当敏感的话题——

他可以提出请求，需要航天飞机这个部位的照片，但他不可以说他想要用什么特定的相机来拍照——于是他赶快换了另外一种问法："目前我们完全无法知道哥伦比亚号到底有没有受损，我们非常需要那个部位的照片。"

黑尔这回有了反应，他简单地回复："让我想办法。"

佩吉离开黑尔的办公室后，黑尔立刻打电话给任务管理小组主席琳达·汉姆和航天飞机项目经理底特莫尔，将哥伦比亚号在发射升空时被泡沫塑料撞击的事向他们报告，并提出佩吉要求国防部协助拍照的事。然而，这两个人都认为这次的撞击事件与3个月前亚特兰蒂斯号航天飞机被泡沫塑料撞击的事件一样，既然上次没有发生意外，这次应该也一样不会有事。

虽然那两位主管都不认为这是什么大不了的事，但很快几乎整个NASA航天飞机部门的人都知道了这件事。结构总工程师罗查觉得这个问题很严重，尤其是左翼被撞后，有一大片粉状碎片从左翼下飞脱，这些碎片来自左翼下方何处？会不会立刻对航天飞机的安全造成威胁？这些都是问题，如果想要准确的答案，就必须提供航天飞机左翼下方的照片，再让工程师们根据照片去判断受损的程度。

除了黑尔和罗查提出照相的要求外，联合太空联盟公司[3]也提出了同样的口头请求，因为他们根据那段发射时的影片，初步判断泡沫塑料很可能将左翼下的起落架舱门撞坏，失去了隔热效果，那么左起落架的轮胎绝对无法承受航天飞机重返地球进入大气层时表面所产生的高温。

这3个单位都提出了同样的请求，因此琳达·汉姆和底特莫尔针对到底要不要请国防部去拍这组照片展开了激烈的辩论。琳达·汉姆的观点是，即使从照片中发现某个部位受损，哥伦比亚号上的航天员也没有任何方法去修理，地面指挥中心也无法及时发射另一架航天飞机前去营救他们，在这种情况下花那么多经费去取得那张照片到底有什么意义？

底特莫尔无法反驳琳达·汉姆的这个观点，因为哥伦比亚号上没有安装巨大的机械臂，也没有为太空漫步所准备的航天服和脐带电缆，因此航天员根本无法走出太空舱

3.联合太空联盟公司专门处理航天飞机在地面（包括发射与落地）的所有事宜。

前去检查或修理航天飞机。在这种情况下，即使从照片上发现任何部位受损，也无法改变任何情况。

答案在磁带机里

失事调查小组在获悉上述的情况之后，认为这是一条相当重要的线索，但还需要其他的信息与线索来了解哥伦比亚号失事的真正原因。

航天飞机没有一般客机用于记录飞机最后飞行状况的"黑匣子"（飞行事故记录器），因为这些原本要记录在黑匣子里的数据，都被实时地用遥测的方式传回航天中心。不过哥伦比亚号是 NASA 的第一架航天飞机，建造时就在内部安装了许多传感器来记录试飞时各方面的数据，以供工程师们参考。这些传感器所得到的数据都被记录在一个轨道实验记录器里，而这个记录器在哥伦比亚号航天飞机正式服役后并未被拆除。因此，NASA 和失事调查小组都认为，这个记录器里应该藏有一些他们迫切想知道的事故细节。于是，NASA 将寻找这个记录器定为搜寻的优先任务。

工程师们向搜寻人员描述了这个记录器的外观，并要他们特别注意，但有些工程师私底下却认为，这个记录器可能是找不到了。因为在设计这个记录器时，只是将它当成一个暂时储存数据的系统，没有像设计民航飞机的黑匣子般考虑到外壳要耐高温和防震，所以工程师们不认为它能挺过从 60 多千米高空坠落到地面的撞击。

25000 多位搜寻人员在一个多月的时间内，足迹覆盖了约 3000 平方米，找到了 80000 多个零件与碎片（相当于哥伦比亚号航天飞机 38% 的机身），却没有发现这个记录器的踪迹。就在 NASA 要放弃继续搜寻的时候，有一位工程师在地图上标注了航空电子设备舱内每一个组件被发现的位置，然后用计算机分析，判断这个记录器最有可能坠落的地方是达拉斯市东南方约 320 千米处的汉普希尔县内。虽然这个区域早就被搜寻过两次，能看到的所有残骸都已被收走，搜寻单位认为不可能再发现新东西了，但是 NASA 执意要他们无论如何再搜一遍，因为这个记录器对整个失事调查来说实在太重要了。

祈求就能得到

从佛罗里达州前来支援搜寻工作的消防员贝克是一位虔诚的人。他知道那个记录器对失事调查的重要性，于是在重新搜寻那个区域的前一晚，非常迫切地祈祷。第二天上午，他在山间蔓藤杂草中前进时，脚下踢到了一个东西，他低头一看，就是那个黑色的记录器！

这实在是一个无法解释的奇迹，这个记录器从60多千米的高空摔到地上，竟然没有受到太大的损坏，也没有砸进土里。它的外观虽然受到重击，但依旧是一台完整的机器，没有支离破碎。

更让人感到庆幸的是，从找到记录器的地方再往前3千米，就是分隔得克萨斯州与路易斯安那州的大湖。如果下坠的过程中风向稍微改变一点点，这个记录器很可能就会坠入湖中，永远无法找到！

找到这个记录器的几个小时之后，它就被送到调查小组成员的手上。调查小组成员惠特尔随即很小心地亲自搭乘飞机，护送它到明尼苏达州的怡敏信公司（记录器的原厂）。怡敏信公司的工程师将外壳打开后发现，内部储存数据的部件竟然丝毫未受到损坏。

这时已是哥伦比亚号失事后第6个星期了，调查小组对于它为何失事还没有任何头绪。从搜寻到的残骸和发射时的影片判断，仅可以确定一块从外贮箱上脱落的泡沫塑料曾撞击到左翼某处，但却没有任何线索可以将那块泡沫塑料与航天飞机在空中解体联系到一起。NASA中有些人认为，那块泡沫塑料将左翼下的起落架舱门撞坏，在重返大气层时，与空气摩擦所产生的高温从起落架舱门传导至左翼内，导致最后发生惨剧。然而，许多人根本不相信那块脱落的泡沫塑料能造成那么大的伤害。

重返控制中心主任凯恩在找到记录器之前，与工程师们推测了可能导致航天飞机失事的10种原因，其中包括大多数人认为的"左起落架舱门被泡沫塑料撞坏"这个原因。怡敏信公司的工程师解读了记录器内的数据之后发现，起落架舱门和起落架在航天飞机解体之前并没有受到高温的侵害。

根据记录器的解读数据，在哥伦比亚号发射81秒之后，一个在左翼前缘第9片舱板后面的传感器，曾记录到瞬间异常增加的应力，表示左翼前缘在那时受到外物撞击。而在航天飞机重返地球进入大气层，麦库和克拉克在座舱中讨论等离子体光秀的同时，左翼前缘的温度传感器则记录到温度快速地上升。与此同时，左翼前缘的应力传感器曾在信号消失前记录到附近的铝合金支架有不正常的膨胀——铝合金在高温下的正常反应。

工程师们根据温度和应力传感器的位置与它们所记录的数据算出，导致温度增加的热源位置，是在左翼前缘第8片舱板。

有了这些数据之后，工程师们几乎可以断言，发射81秒后一块泡沫塑料从外贮箱外层脱落，撞到航天飞机的左翼前缘第8片舱板，将那里撞出一个洞，机翼前缘被撞破的碎片从左翼下飞脱。航天飞机重返地球进入大气层时，与空气摩擦所产生的高温从那个破洞钻入左翼，左翼内部的铝合金支架在高温下开始熔化。

而此时航天飞机处于自动驾驶模式，当左翼因高温而变形时，左右两翼所产生的浮力就不再相同。为了保持航天飞机的平直前进，自动驾驶系统开始用右翼后缘的襟翼和副翼来改变右翼的翼形，以便配合左翼。这些自动驾驶的数据都曾以遥测的方式传回休斯敦航天中心，而自动驾驶的数据与记录器的数据不谋而合！

最后，当左翼被高温熔化，从机身脱落之后，整个航天飞机开始在空中滚转，导致最后的空中解体。

尽管有着如此完整的数据，但 NASA 内部有许多人，包括航天飞机项目经理底特莫尔，都无法认同这个根据资料推测出来的失事过程，因为航天飞机的机翼前缘舱板是由非常坚固的增强碳－碳复合材料所制作的，他们不相信一块松软的泡沫塑料可以将坚硬的舱板撞破。

工程师们当然知道泡沫塑料相当松软，更知道增强碳－碳复合材料非常坚硬，但物理数据不会骗人。工程师们根据影片上所显示的泡沫塑料大小，算出那块泡沫塑料的长度是 53—69 厘米，宽度是 30—46 厘米，重约 1 千克。当那块泡沫塑料从外贮箱上脱落时，航天飞机的速度大约是 2500 千米／时，是超过两倍声速的高速。又因为泡沫塑料松软的特质，脱落后它在强风中立刻减速，工程师们根据塑料的体积、重量与当时的风速和空气密度算出，在 0.2

秒的时间内它的速度就降到约 1600 千米 / 时，所以严格说起来并不是那块泡沫塑料撞到了航天飞机，而是航天飞机撞上了那块泡沫塑料。在那么大的速度下，一块只有约 1 千克的泡沫塑料会以 9800 牛左右的力量撞在左翼前缘上。

当年 7 月 1 日，工程师们为了证实他们的理论，在得克萨斯州圣安东尼奥市的美国西南研究院做了一个实验。他们用空气炮将一块同等尺寸的泡沫塑料，对着一块从发现者号航天飞机上所取下的左翼前缘第 8 块舱板发射。当塑料以高速撞击到那块增强碳 – 碳复合材料时，就像工程师们所预测的情形一样，那块舱板被撞出一个直径约为 46 厘米的洞！

这个实验证实了工程师们的推断，事故的缘由就是外贮箱上脱落的那块泡沫塑料！然而，真正置航天员于死地的却是 NASA 高层的决定。

任务管理小组主席琳达·汉姆在事后对记者们说："从来没有任何人或单位正式向我提出对哥伦比亚号航天飞机拍照的请求。"但她也承认她说过"即使从照片中发现某个部位受损，哥伦比亚号上的航天员也没有任何方法去修理，地面指挥中心也无法及时发射另一架航天飞机前去营救他们，在这种情况下花那么多经费去取得那张照片是没有任何意义的"等话。

不过调查小组主席格曼却不认同这个说法，他要求NASA 去研究，如果当初向国防部提出拍照申请，而在1月 17 日就从所拍摄的照片中证实哥伦比亚号已无法安全地重返地球的话，那么他们将会如何处理这件事。NASA 指派资深航行主任香农与他的团队去做这个研究。

两个星期之后，香农向调查小组提交了研究结果。他表示，如果航天员减少活动的话，哥伦比亚号航天飞机上的食物、水、氧气和电力应该可以满足航天员的生存需要直到 2 月 15 日（发射日期是 1 月 16 日）。根据这个时间，他做出以下假设来陈述他的研究结果。

决定执行营救任务后，NASA 于 1 月 19 日对肯尼迪航天中心下令，即刻为亚特兰蒂斯号做紧急升空的准备，如果每天三班轮值，周末不休的话，最早可以发射的时间是在 2 月 10 日的午夜。亚特兰蒂斯号升空之后，可以在 24 小时内与哥伦比亚号在太空中交会。

亚特兰蒂斯号将从下方向哥伦比亚号接近，这时两架航天飞机背部的巨大舱门都必须打开。当两者之间的距离接近到 15 米时，亚特兰蒂斯号停止前进。亚特兰蒂斯号上的两位航天员将带着两件航天服，利用亚特兰蒂斯号的巨大机械臂将其送到哥伦比亚号上。哥伦比亚号上的 7 位航天员则分成 3 次前往亚特兰蒂斯号。最后两位离开哥伦比亚号的人应该是任务指令长和飞行员，他们必须将哥伦比亚号设定成可以由休斯敦航天中心遥控而飞行的模式。这样，日后休斯敦航天中心就可以在恰当的时刻，将哥伦比亚号驶离轨道，使之进入地球大气层，然后坠落在海上。

亚特兰蒂斯号接到 7 位哥伦比亚号的航天员后，再飞回卡纳维拉尔角的肯尼迪航天中心落地，完成营救任务。

香农所设想的营救计划，听起来非常合理，技术上也说得通，但却有着非常大的风险，因为这其中有着太多的假设，而这些假设都必须有个肯定的答案，这个营救计划才能圆满完成。

NASA 内有些人对这个设想的营救计划嗤之以鼻。他们认为，在还没解决外贮箱泡沫塑料脱落的问题之前，就贸然发射另一架航天飞机实在是非常鲁莽的行为，因为在前3次航天飞机发射时，就出现了两次泡沫塑料脱落的问题。如果在发射时这架航天飞机再度碰上同样的问题，那岂不是麻烦更大？

但是航天员团队的主管罗明杰却不这么认为，他觉得如果NASA愿意一试的话，其实成功的概率是很大的。

然而，那毕竟只是一个假设，是一个"事发后再去推断事前可做的事情"的假设，无法证明可行与否。

2003年8月26日，调查小组公布了调查报告。调查报告中指出，哥伦比亚号航天飞机失事的主要原因是一块从外贮箱上脱落的泡沫塑料击中航天飞机的左翼前缘第8块舱板，并将它击破。这导致在重返地球进入大气层时，航天飞机与空气摩擦所产生的高温，从那个破口传导至左翼内部，左翼内部的铝合金支架在高温下开始熔化。航天飞机机身左右方不平衡的空气动力导致航天飞机开始在空中乱转，继而解体。

调查报告同时指出，NASA和航天飞机项目本身存在的问题，也是促使哥伦比亚号失事的原因之一。资源受到限制，维持进度的压力却不断地增加，这使 NASA 以过去成功的案例作为日后飞行安全的依据，而省去了将工程测试作为安全凭据的做法，再次揭示了领导阶层不听信专业工程师的建议而导致的悲剧性后果。最讽刺的是，那些忽略专业意见的领导阶层，之所以能晋升到目前的高位，都是因为他们当初在基层担任工程师时表现优异！

笔者在美国太空界任职 40 余年，见识过太多这种"领导阶层霸凌专业工程师"的例子。企业高层人员所考虑的主要是预算与进度，工程师所注重的却是飞行器能否精确且安全地运转，而在双方产生冲突的时候，有决定权的却是掌管预算的上级。许多时候，上级为了预算、进度或外界的言论，倾向于放手一搏。一旦成功，他们能赢得更高的职位与更多的掌声。

平心而论，1986 年挑战者号的升空爆炸与 2003 年哥伦比亚号在重返地球时解体，皆非意料之外的事。在事后检讨时所指出的系统缺陷，可以很快地被改正，同时确认同样的机件故障不会再次发生。然而，当时 NASA 高层人员的心态却很难改正。

【结语】

突破最后的疆界

美国在太空领域的起步较苏联晚。在苏联的斯普特尼克号人造卫星进入太空后，美国才从沉睡中醒来，并一路奋起直追，想要在登月的竞赛中独占鳌头。然而在1966年，因为预算裁减的关系，美国担心自己无法抢先登陆月球，于是就在联合国推动《外层空间条约》，试图防止苏联在登陆月球后，宣布月球为其所有。

在阿姆斯特朗登上月球前，很多人提出他应该插上一面联合国的旗帜，以表示他是代表全人类前去月球的，这样才符合《外层空间条约》的精神。

而这时，美国的想法却发生了180度的转变，美国国会还为此特别通过了一条法律，禁止 NASA 将美国以外的旗帜插在月球上。之所以会有这种举动，是因为美国希望自己能在太空中占据一席之地。

当阿姆斯特朗踏上月球，将美国的国旗插在那孤寂了几十亿年的月球表面之后，美苏之间的太空竞赛才暂告一段落。同一年，尼克松总统在就职演说中宣告将以谈判代替对抗，以缓和代替冷战的策略。美苏之间开始进入长达10余年的缓和时期，这期间最显著的成果就是阿波罗－联盟测试计划。美国的阿波罗号宇宙飞船与苏联的联盟号宇宙飞船于1975年7月17日在太空中对接，双方航天员互相进入对方的宇宙飞船参观。

此后，美国的航天飞机也曾造访苏联在1986年发射的和平号空间站。显然，美苏两国已达成某种程度上的共识，在太空方面，合作已取代竞争。美国的航天飞机于2011年退役之后，所有前往国际空间站的任务都是借用俄罗斯的联盟号宇宙飞船来完成的。

美苏之间的缓和并不代表从此之后所有的国家在太空事业中都能合作。美国于1998年开始制造国际空间站时，曾邀请俄罗斯、日本、加拿大和欧盟诸国参与这个计划并分担费用。当时，参与诸国曾签署《国际空间站政府间协议》，此协议明确了空间站的产权归属以及每个国家应该分担的费用和权限。

虽然中国未受邀参与国际空间站的设计与活动，但是中国的航天发展并未因此而受到冲击。中国自制的天宫一号空间实验室于 2011 年 9 月升空，并在同年 11 月与神舟八号无人宇宙飞船在太空中进行对接。两年后，神舟十号的 3 位航天员在天宫一号空间实验室中生活了 12 天。2016 年 10 月至 11 月，神舟十一号的 3 位航天员更在天宫二号空间实验室内停留了 30 天，进行一系列科学实验。

由于从这两个空间实验室获得了丰富的经验，因此中国在 2021 年 4 月将中国空间站的天和核心舱发射进入太空，3 位航天员于当年 6 月搭乘神舟十二号宇宙飞船进入太空，进驻中国空间站的天和核心舱，并在空间站内停留 3 个月后，于 9 月返回地球。

太空竞赛的成果

从苏联发射第一颗人造卫星至今已经超过 60 年，在这

60年间，人类曾成功地登月，也曾将无人的探测器送到火星，更在太空轨道中建立了可以长期居住的空间站。然而，各国花那么多的费用与精力，在太空中所争取的到底是什么？

其实，这些在太空中竞争的国家，在探索太空的过程中所得到最多的，竟是对地球本身的认知。1968年，阿波罗8号成为第一艘绕月飞行的宇宙飞船，当航天员安德斯在月球轨道上见到地球从黑暗的太空中缓缓升起时，他拍下了那张著名的照片，并说："我们前去探索月亮，却发现了地球。"

诚然，进入太空最大的获益者是在地球上的人类本身。气象卫星让人类准确地预知天气的变化，通信卫星让距离千米之外的人们能互相进行视频通话，导航卫星让飞机、轮船和汽车能精确地前往目的地，军事卫星的地面监控人员更可以实时掌握敌人的动态。这些在太空中的人造卫星让人类在地球上的生活更方便、舒适与安全。

依据2022年4月底的统计，一共有5465颗人造卫星在太空轨道上运转。其中有3433颗是美国的卫星，排名第二的则是中国，有 541 颗卫星，大约是美国的六分之一，由此可见美国对太空的依赖程度。

美国除了军方与企业界积极开发太空之外，一些富可敌国的商人也试图以自己的财富力量购买进入太空的机会。最初，NASA 对这些商人是采取"劝阻"的态度，NASA 认为，这些人进入太空之后，很可能会因为好奇心理和训练不足而造成意外事件。

然而，美国并不是唯一可以为商人提供火箭让他们进入太空的国家。2001 年俄罗斯以 2000 万美金的代价，用联盟 TM-32 号宇宙飞船将一位美国企业家蒂托送入太空，并让他在国际空间站上生活了 8 天。这是第一位纯粹以旅游心态进入太空的游客。

英国企业家布兰森于 2004 年成立以太空旅游为业务宗旨的维珍银河公司，并在 2021 年 7 月 11 日成功将自己和其他 3 位公司员工送入太空。

美国亚马逊公司创办人贝索斯于 2000 年创办的蓝色起源公司，也以开拓太空旅游为目的。该公司在布兰森进入太空 9 天之后，于 2021 年 7 月 20 日用一枚火箭将贝索斯和另外三人送入太空。

这些民营企业成功地进入太空，代表着太空产业已经接近成熟，"欲上青天揽明月"的梦想已经不再是航天员的专有权利了。

重返月球

美国在最后一次登月的 45 年之后，于 2017 年 12 月宣布成立阿尔忒弥斯计划 [1]（Artemis Program），其目标是在 2024 年将包括一位女性航天员在内的太空组员送往月球，并于 2030 年之前在月球建立长期的太空基地。日后前往其他星球的太空之旅都将以月球作为"中继站"，而火星正是美国在太空中的下一个目标。

阿尔忒弥斯计划的登月方法，不同于当年的阿波罗登月计划。阿波罗计划中的登月舱是与指令舱由同一火箭发射进入太空的，在完成登月任务后，登月舱就被抛弃。而

1.因为希腊神话女神阿尔忒弥斯是阿波罗的孪生姐姐，而之前的美国登月计划被命名为"阿波罗计划"，因此这次的探月计划就被称为"阿尔忒弥斯计划"。

阿尔忒弥斯计划的构想却是航天员搭乘猎户座宇宙飞船（Orion Spacecraft）从地球前往一个绕月球轨道飞行的小型空间站——月球门户。猎户座宇宙飞船进入月球轨道后，先与月球门户空间站对接，让航天员在那里转搭星际飞船人类着陆系统往返月球，这个星际飞船人类着陆系统是可以重复使用的。

为了能确保这些在太空中的设施不会被其他国家所侵犯，美国于2019年宣布成立太空军。美国是世界上第一个将武力带到太空的国家，也是第一个让太空军成为独立兵种的国家。这明显地与几十年前美国所倡导的《外层空间条约》中强调的"各国应将太空探索限于和平用途"有着显著的矛盾。无论是1967年倡导和平使用太空，或是2020年成立太空军，美国都是以自身利益作为前提的。

19世纪美国开拓西部时，靠的是勇气与执着，而这些努力使美国在20世纪成为世界强国；在突破最后的疆界，前往地球之外的星体时，执着与勇气固然是必备的条件，但科技却是不可缺少的要素。人类过去60余年在太空中的经历，每一项行动都展现出科学家们精准的研究成果，而日后的探索更要靠科技人员的努力突破与创新。

科技可以帮助人类在太空中获得更多的福祉，但在面对浩瀚的宇宙时，在这颗小小蓝色星球上的人类，什么时候才能像当初阿姆斯特朗登月时那样，不要再分彼此，而只想到我们人类呢？